Thomas Schlayer

Gesprächserfolge durch Kleinigkeiten

Thomas Schlayer

Gesprächserfolge durch Kleinigkeiten

Die 49 wichtigsten Tipps und Tricks der Rhetorik

Fortbildungsinsel
Seminare und Trainings

Edition Fortbildungsinsel
Herausgeber: Thomas Schlayer

Weitere Informationen erhalten Sie unter
www.fortbildungsinsel.de

Bibliografische Information: Deutsche Nationalbibliothek
Die Deutsche Nationalbibliothek verzeichnet diese Publikation in der Deutschen Nationalbibliografie; detaillierte bibliografische Daten sind im Internet über http://dnb.d-nb.de abrufbar.

Dezember 2008
Umschlaggestaltung: Atelier Georg Lehmacher
Titelfoto: Benedikt Schwarzer
Lektorat: Cordula Natusch, Andrea Weißenbach
Layout/Satz: Atelier Georg Lehmacher
Herstellung und Verlag: Books on Demand GmbH, Norderstedt
Printed in Germany · ISBN 978-3-8370-8916-5

Über den Autor

Thomas Schlayer arbeitet für den Bayerischen Rundfunk in München und ist Geschäftsführer der Fortbildungsinsel in Inning am Ammersee. Er trainiert bundesweit Führungskräfte, Angestellte und Nachwuchstalente aus unterschiedlichen Branchen. In seinen Seminaren rund um die Kommunikation hat er sich seit knapp 15 Jahren auf die Feinheiten der Rhetorik spezialisiert.

Mit innovativen Konzepten und einzigartigen Trainingsservices geht er bewusst einen unkonventionelleren Weg als andere Anbieter. Seine Seminarphilosophie: Spaß haben, spielerisch lernen und Wissen, das sofort im Alltag umsetzbar ist, trainieren ...

Inhaltsverzeichnis

Vorwort

„Ich will sicherer werden, wenn ich vor anderen spreche. Bei Terminen mit meinem Chef weiß ich schon vorher, dass ich mit meinem Anliegen keine Chance haben werde. Ich würde auch gern beim Einkaufen besser verhandeln können, bei anderen sieht das immer so leicht aus."

Meine Seminar- und Trainingsarbeit zeigt mir, dass die Teilnehmer immer wieder dieselben Wünsche für ihre Entwicklung haben. Sie wollen sicherer werden, souveräner auftreten können und durch eine bessere Kommunikation einfach mehr erreichen.

Ich bin davon überzeugt, dass gekonnte Rhetorik nicht nur einigen wenigen Persönlichkeiten mit großem Talent vorbehalten ist. Die beneidenswerten Menschen, die sicher und energisch auftreten und mit wenigen Sätzen ihre Ziele erreichen, sind Menschen wie Du und ich – mit einem feinen Unterschied: Sie nutzen die Summe der Kleinigkeiten, auf die es in der Kommunikation ankommt, und haben ein langes Training hinter sich.

Jeder kann souverän und kommunikationsstark im Alltag punkten. Es gibt Hunderte Details im Kontakt mit anderen, die wichtig sind; viele kleine Dinge, die schnell und leicht erlernbar sind. In diesem Buch finden Sie 49 Tipps und Tricks, mit denen Sie mehr Sicherheit gewinnen und besser argumentieren. Schon indem Sie es in der Hand halten und gerade lesen, sind Sie auf dem Weg zum besseren Redner. In meinen Trainings betone ich immer wieder: Haben Sie Spaß, wenn Sie die verschiedenen Kommunikationstricks ausprobieren, trainieren Sie sie täglich, und nutzen Sie Wissen, das sofort umsetzbar ist. Ich habe meine Tipps bewusst kurz und knapp gefasst. Sie sind leicht zu merken und ebenso einfach umzusetzen.

Legen Sie dieses Buch nicht beiseite, wenn Sie es zu Ende gelesen haben. Geben Sie ihm einen Platz, an dem Sie es täglich sehen. Legen Sie es sich auf Ihren Schreibtisch, ins Bad oder in die Küche. Machen Sie es sich einfach, mit dem Buch zu arbeiten. Nutzen Sie es als Trainingsstütze. Sie haben in den einzelnen Kapiteln die Möglichkeit, Ihre Lieblingsthemen zu markieren und eigene Notizen festzuhalten. Das sollten Sie unbedingt tun! Je mehr Sie dieses Buch zu einem festen Bestandteil Ihres Tagesablaufs machen, desto weiter wird es Sie bringen! Lesen Sie immer wieder einzelne Kapitel nach, wiederholen Sie die Tipps, damit sich das neue Wissen schnell in Ihnen verankern kann.

Der Mensch ist ein Gewohnheitstier. Einmalige Impulse hinterlassen nur selten eine dauerhafte Wirkung. Ebenso wie Sie nach dem Führerschein erst langsam durch Dutzende Autofahrten sicherer werden und Spaß beim Fahren entwickeln können, so müssen Sie auch beim Kommunikationstraining am Ball bleiben. Einmal ein Buch lesen oder einmalig ein Seminar besuchen ist zwar gut und richtig, aber es wird Ihr Kommunikationsverhalten nicht nachhaltig verbessern. Dafür brauchen Sie Wiederholungen und tägliche Erinnerungen.

Durch das Buch führt Sie eine Kurzgeschichte, die ich Ihnen gleich erzählen werde – eine Geschichte, die einen ganz normalen Tag von Stefanie beschreibt. Das, was Stefanie erlebt, sagt und tut, ist an den entsprechenden Stellen mit Zahlen versehen. Sie stehen für die 49 Trainingseinheiten. Damit können Sie gezielt nachschlagen, mit welchem Tipp Stefanie die Situation besser hätte lösen können.
Am Ende des Buchs finden Sie die Geschichte noch einmal. In der zweiten Version nutzt Stefanie die Tipps und Tricks dieses Ratgebers, und Sie können damit direkt vergleichen, wie stark sich die Kommunikation eines Menschen verbessert, wenn er die Summe der Kleinigkeiten nutzt!

Ich freue mich sehr, dass Sie dieses Buch lesen. Durch meine Seminararbeit weiß ich, dass Sie damit bereits überdurchschnittlich sind. Die meisten Menschen haben Wünsche, reden auch viel darüber, aber sie tun nichts dafür. Sie haben offensichtlich das Ziel, Ihre Kommunikation zu verbessern. Indem Sie dieses Buch lesen, machen Sie sich bereits an die Umsetzung! Herzlichen Glückwunsch!

Bleiben Sie unbedingt am Thema dran! Lesen Sie dieses und andere Bücher immer wieder und sorgen Sie dafür, dass Sie die Kleinigkeiten der Kommunikation täglich trainieren und sich dafür sensibilisieren! Damit Ihnen das noch leichter fällt, habe ich eine Innovation im Bildungsbereich geschaffen: den SMS-Rhetorik-Trainer®. Mit diesem Trainingsservice erhalten Sie tägliche Wissensimpulse per Kurzmitteilung auf Ihr Handy. So werden Sie ständig an das notwendige Training erinnert und vertiefen Ihr Wissen. Je nach Kenntnisstand werden Sie auch immer wieder neue Impulse erhalten und Ihr Wissen erweitern.

Damit Sie sich mit dem besten Gefühl für diesen Service entscheiden können, finden Sie in diesem Buch einen Gutschein. Damit erhalten Sie Ihre Buchinvestition wieder zurück und nutzen mit dem SMS-Rhetorik-Trainer® für nur wenige Cent jeden Tag Ihrer Zukunft, um im Umgang mit anderen besser zu werden!

Viel Spaß und Freude mit Ihren 49 Tipps und Tricks für eine bessere Kommunikation,

Ihr

Thomas Schlayer

Mustergeschichte 1

Stefanie ist 37 Jahre alt und wohnt in einem Vorort von München. Sie arbeitet in einer Versicherung und kümmert sich dort um die Auftragsbearbeitung. Einen Tag pro Woche hilft sie auch im Kundenservice aus. Heute ist einer dieser Tage. Es ist 06:40 Uhr, ihr Wecker klingelt. Ihr Freund ist schon wach.

„Guten Morgen, mein Schatz! Du bist ja schon startklar. Mensch, ich habe heute wieder diesen dummen Kundenservicetag. Das wird bestimmt wieder sehr anstrengend und könnte auch mal wieder länger dauern, bis ich nach Hause komme“ [38], meint Stefanie noch ganz verschlafen. Jürgen, ihr Freund, sitzt schon fertig in der Küche. „Ach, das wird schon werden. Jetzt komm erst mal frühstücken.“

Stefanie gießt sich einen Kaffee ein und geht schnell duschen. Sie hat das Radio laut gestellt, damit sie hört, wie das Wetter heute wird. Als sie im Bad fertig ist, setzt sie sich zu Jürgen an den Frühstückstisch. „Sag mal, hast du gestern auch mit unserer Vermieterin gesprochen? Die ist ja so doof, primitiv und hinterhältig [32]. Die läuft hier ständig ums Haus, um zu sehen, was wir machen." Jürgen bestätigt: „Ja, die blöde Kuh nervt mich total." Stefanie meint noch immer etwas verschlafen: „Ich würde mal sagen, dass wir uns mal nach einer anderen Wohnung umsehen sollten [24]. Eine Straße weiter scheint was frei zu werden, da waren doch Möbelpacker ..."

Die beiden unterhalten sich noch ein wenig, bevor jeder in sein Auto steigt und zur Arbeit fährt. Stefanie braucht je nach Verkehr etwa 40 Minuten nach München.

Kurz vor München hält sie an, um zu tanken: „Aääh, ich hab die Vier [18]." Sie nimmt sich noch eine Butterbrezel mit und fährt weiter. Im Auto hört sie wieder Radio. So vergeht die Zeit schnell und sehr angenehm. Als Stefanie bei der Versicherung ankommt, schreibt sie noch rasch eine SMS an ihre beste Freundin: „Hab heute nervigen Kundenservicetag, willst du heute Abend spontan vorbeikommen [47]? Könnten Wein trinken?"

Stefanie geht in ihr Büro und verschafft sich erst einmal einen Überblick. Als ein Kollege in der Tür steht, meint sie: „Guten Morgen! Du, sollte man wegen dieser Mail vom Chef nicht mal einen Termin machen und das Projekt ausführlicher besprechen [43]?" Der Kollege scheint das ebenfalls so zu sehen. „Klar, das wäre wohl das Beste, und dann würden hier auch nicht so viele Gerüchte rumschwirren!" Stefanie setzt sich an ihren PC und sagt: „Ich maile dem Chef jetzt gleich mal und schlage ihm vor, dass wir in den nächsten Wochen einen Termin machen [29]. Und dir werde ich heute noch auf zwei Seiten den aktuellen Stand der Dinge zusammenschreiben [5]…“

Die E-Mail hat sie verschickt und holt sich einen Kaffee in der Büroküche, in der sie eine sehr gute Kollegin trifft. „Monika, ist dein Urlaub schon wieder vorbei? Das ging ja flott.“ Monika strahlt. „Ja, der Urlaub ist vorbei, aber er war wunderschön. Endlich mal wieder Strand und viel Sonne, das liebe ich!“ Stefanie erinnert sich an ihren letzten Urlaub mit Jürgen. „Oh ja, unser Badeurlaub in Spanien war auch nicht schlecht [25]. Eine stressfreie Woche und nichts zu meckern. Nicht übel, so ein Urlaub!“

Halb in Urlaubsgedanken versunken geht Stefanie zurück in ihr Büro. Der Chef hat bereits geantwortet: „Liebe Stefanie, ich schaue, dass wir rasch einen Termin finden. Ich melde mich wieder bei Ihnen. Danke für die Idee!“

Das Telefon klingelt. Es ist der Kundenservice. „Hallo Stefanie, wann kannst du heute bei uns sein [23]? Geht’s schon um 10 Uhr? Heute ist hier viel los, und wir können dich gut gebrauchen!“ Stefanie ist ein wenig genervt und meint: „Ja, ich versuche, um 10 Uhr da zu sein [36]. Hab noch zwei wichtige Dinge auf dem Tisch liegen, und die muss ich erst fertig machen. Außerdem klären wir gerade noch was mit dem Chef, und dann ist da ja noch diese Präsentation, die ich machen soll [12]. Also, ich probier’s …“

Die E-Mail ihres Chefs leitet sie gleich an einen kleinen internen Verteiler weiter. „Liebe Kollegen, nachdem wohl niemand Lust darauf hat, dass dieses Thema irgendwann hochkocht, habe ich mit dem Chef einen Termin ins Auge gefasst [37]. Details siehe unten. Wenn wir das Thema hoffentlich bald geklärt haben, können wir alle beruhigt einen Haken dahinter machen."

Zehn Minuten nach 10:00 Uhr kommt Stefanie im Kundenservice an und meint zur Kundenserviceleiterin: „Ich bin leider doch etwas später. Lag aber wirklich an den Dingen, die ich dir schon gesagt habe – ich bin nicht schuld [11]." Mit einem doppeldeutigen Lächeln geht sie an den Serviceplatz und loggt sich in den Computer ein. Da noch kein Kunde da ist, ruft sie noch mal zur Teamleiterin rüber: „Sollen wir später gemeinsam in die Kantine gehen? So um 12 Uhr [1]?" Die Kollegin ruft zurück: „Nee, 12 Uhr geht nicht, aber um 13 Uhr könnte ich." „O.k., so machen wir das!"

Stefanie setzt sich auf die vordere Stuhlfläche. Sie fühlt sich wie immer etwas unwohl im Service und blickt dem ersten Kunden entgegen, der gerade auf sie zusteuert [46]. Stefanie war erst fünfmal im Kundenservice und begrüßt den Kunden bewusst sehr förmlich, um einen kompetenten Eindruck zu machen. „Guten Morgen, das freut mich sehr, dass Sie Ihre Zeit investieren, und jetzt bin ich gespannt, welch wertvolles Anliegen Sie haben [7]!" Der Kunde hat bereits einige Versicherungen bei

Stefanies Firma, wie sie sofort im Computer sehen kann. „Entschuldigung, ich weiß nicht, ob ich hier richtig bin, ich habe folgendes Problem: Ich brauche noch eine Versicherung für meinen neuen Roller, den ich gestern gekauft habe [48].“ Stefanie öffnet eine Maske im Computer und fragt nach. „Werden nur Sie den Roller fahren?“ … Das Gespräch dauert knappe 20 Minuten, und Stefanie übergibt dem Kunden die fertigen Unterlagen. „Nach der internen Bearbeitung der Unterlagen erhalten Sie von uns eine Benachrichtigung [19]. Das wird in etwa einer Woche soweit sein! Vielen Dank und auf Wiedersehen!“

Der nächste Kunde wartet schon. „Guten Tag, ich möchte mir gern Unterlagen über Ihre Versicherungen mitnehmen!“ Stefanie lächelt. „Gern, die sind eigentlich gleich hier [17]. Einen Moment. So, bitte schön. Hier ist unser Angebot relativ gut dargestellt und entsprechend gegliedert. Kommen Sie einfach wieder, wenn Sie einen Überblick haben …“

Nach vier weiteren Kunden wird es ruhig im Kundencenter. Die typische Flaute in der Mittagszeit. Stefanie nutzt die Gelegenheit und ruft kurz ihren Vater an: „… ich habe mich gestern sehr über dich geärgert. Du hast mich wohl vergessen [16]. Du hattest doch gesagt, dass du mir die Batterien in den Briefkasten wirfst. Oh, ich mach weiter hier, da kommt Kundschaft.“

Als Stefanie in die Mittagspause geht, redet sie mit ihrer Teamleiterin über die unterschiedlichsten Dinge: „Ich bin ja erst wenige Male im Kundencenter [15] gewesen, aber ich möchte trotzdem ein paar Verbesserungsvorschläge machen [21]. Und zwar ..." Die beiden reden sehr interessiert über Stefanies Ideen. Ihre Teamleiterin meint: „Ja, bei deiner Idee mit dem Prospektständer sehe ich leider ein anderes Problem [6]. Ich glaube nicht, dass unser Chef dafür Geld ausgibt [39]..." Stefanie zeigt sich sehr engagiert „Ich sehe hier auf jeden Fall Möglichkeiten und will das in einer anderen Runde auch noch mal ansprechen. Ich bin von den beiden Ideen überzeugt, auch wenn einige den Vorschlag vielleicht nicht gut finden [28]."

Bevor Stefanie wieder in den Kundenservice zurückkehrt, gibt es eine kleine Besprechung. In ihrer Firma ist es üblich, dass gleich nach der Mittagspause ein 15-minütiger Austausch stattfindet. Sie bringt sich gleich ein. „Wenn ich einen guten Job im Center machen soll, verlange ich einfach, dass es neue Prospektständer gibt [34]!" Die Kollegen geben ihr recht, auch ihnen ist dieses Thema immer wieder in den Sinn gekommen. Stefanie setzt mit ernstem Blick nach.: „Fünf Prospektständer kosten nur wenige Hundert Euro [10]!" Der Abteilungsleiter kommentiert: „Wenige Hundert Euro sind bei einem engen Budget viel Geld!"

In der Runde werden noch einige andere Dinge besprochen.

Mittlerweile hat für Stefanie die letzte halbe Stunde dieses Arbeitstags im Servicecenter begonnen. Eine ältere Frau hat vor ihr am Infotisch Platz genommen. „Hallo, bei mir wurde ein Betrag abgebucht, der höher ist als der Betrag in der Versicherungsbestätigung. Können Sie da mal bitte nachsehen?" Stefanie kann es selbst nicht glauben. „Das kann ja gar nicht sein. Das kann ich mir nicht vorstellen [31]. Zeigen Sie mal her …" Die Dame hat alle Unterlagen in einem kleinen Schnellhefter, und so kann Stefanie schnell den Vorgang finden: „Ah, da hat sich was bei der TK geändert. Das hier unten ist HP, das stimmt, und hier bei der TK wurden Sie angepasst [13]. Das ändere ich gern, es gilt selbstverständlich der Preis aus Ihrer Vertragsbestätigung." Die Dame sieht etwas verwundert aus, da ihr „TK" und „HP" nichts sagen, sie ist aber mit der Auskunft sehr zufrieden. Es bleibt beim günstigeren Beitrag, der jetzt im Computer vermerkt wird.

Freitags kauft Stefanie auf dem Weg nach Hause immer noch schnell ein paar Lebensmittel ein. Gestresst und angespannt steht sie mit ernstem Gesichtsausdruck an der Fleischtheke und erhält von der Verkäuferin einen ebenfalls angespannten Blick zurück [8] „Bitte 500 Gramm Gulasch." Gedankenversunken ärgert sie sich noch über die Mittagsbesprechung [22], in der ihr Vorschlag mit den Prospektständern nicht sofort gut ankam. Besonders ärgert sie sich darüber, dass sie keine passende Antwort hatte [42], als der Abteilungsleiter mal wieder davon gesprochen hat, dass kein Geld da sei.

Zu Hause angekommen wartet sie auf ihren Freund, der meist erst gegen 20:00 Uhr heimkommt, und macht es sich auf der Couch gemütlich. Ihr gehen heute besonders viele Dinge durch den Kopf, und weil Stefanie gern an sich arbeitet, hält sie sich ein paar Dinge, die ihr wichtig sind, in ihrem Notizbuch fest.

Sie schreibt:

1. Wenn ich wieder eine gute Idee präsentiere, schreibe ich mir viel mehr auf [45] und formuliere die wichtigsten Dinge aus. Dann kann ich das damit überzeugender vortragen [26]!

2. Ich mache mir beim Kundengespräch nicht wie die anderen kurze Notizen, sondern konzentriere mich voll auf das, was die Kunden sagen [44]. So bin ich aufmerksamer.

3. Bei Angeboten, die ich Kunden ausrechne, nenne ich ohne großes Drumherum die Preise, das kommt bestimmt besser an [30].

4. Ich probiere mal aus, dem Chef erst alles zu sagen, was mich beschäftigt, bevor ich in einem lockeren Gespräch dann wieder alles vergesse [2].

5. Ich gebe meinen Kunden künftig noch mehr die Möglichkeit, mich mit Fragen zu löchern [35]. Dann erfahren sie alles, was sie wissen wollen.

6. Ich werde meinem Kollegen sagen, er soll mich nicht ständig empfehlen [9]. Ich habe genug Arbeit.

7. Ich gehe jetzt wieder häufiger auf Seminare, nur da kann ich mich wirklich weiterentwickeln [49].

8. Ein Freund von mir trainiert mit einem kleinen Spiel eine flüssigere Sprache. So etwas bringt nichts [14]. Profis brauchen immer einen Trainer.

9. Je kürzer, desto besser. Eine Kollegin fasst vor dem Kunden immer alles noch mal zusammen. Das kostet viel Zeit, es geht auch schneller, und ohne Zusammenfassungen kommen wir auch ans Ziel [20].

10. Auch wenn ein neues Produkt unserer Firma viele Vorteile bietet, wichtiger ist der Preis [4].

11. Kompetenz ist wichtiger als Sympathie [3]. Ich baue also in erster Linie mein Fachwissen aus.

12. Ich möchte es bei eigenen Besprechungen jetzt auch wie meine Kollegin machen. Sie nennt bewusst keine Eckdaten wie den Zeitrahmen oder den Ablauf, damit sich ein Termin flexibler entwickeln kann [41].

13. Unser Chef skizziert seine Ideen mit vielen Bildern und schmückt alles aus. Ich glaube, das Gegenteil ist besser [40]. Im Geschäftsleben kommt es auf komprimierte Fakten an.

14. Falls Jürgen heute Abend wieder schlecht gelaunt ist, weil wir nur selten einen Spaziergang machen, werde ich

erneut darauf bestehen, dass ich keinen schönen Tag hatte und dann einfach keine Lust auf so etwas habe [27].

15. Ich brauche einen neuen Job, der mir mehr Spaß macht. Und den kriege ich auch, wenn ich will. Ich kann ja mittlerweile bei einem Vorstellungsgespräch mit Stolz behaupten, dass ich teamfähig, belastbar und sehr erfahren in der Versicherungsbranche bin [33].

Als Stefanie die letzten Worte notiert, kommt ihr Freund nach Hause. Wie schön, endlich im Wochenende angekommen!

01

Stellen Sie Alternativfragen

Das Geheimnis der Alternativfrage ist:
Es geht nicht um „ja“ oder „nein“,
es geht um „entweder“ bzw. „oder“.
Arbeiten Sie täglich damit.

Entscheidungen – damit haben wir im Alltag permanent zu tun. Ob in der Arbeit, beim Einkaufen oder im privaten Leben: Immer wieder müssen wir uns entscheiden oder ermöglichen anderen die Wahl. Dabei verschenken wir durch die Formulierung von geschlossenen Fragen meist viel Potenzial!

In der Regel fragen wir ganz klassisch nach „ja“ oder „nein“. Die Wahrscheinlichkeit, vom Gegenüber eine negative Antwort zu bekommen, liegt so bei 50 Prozent. Deutlich erfolgsversprechender ist jedoch die gezielte Frage nach Alternativen, also nach „entweder“ beziehungsweise „oder“. Mit solchen Alternativfragen eröffnen wir unserem Gesprächspartner drei Antwortmöglichkeiten: „entweder“, „oder“ sowie „nein“. Allerdings stellen wir eine Ablehnung der Alternativen hier nicht explizit zur Auswahl. Sie erhält damit eine geringere Bedeutung und hat nur noch eine rechnerische Wahrscheinlichkeit von 33 Prozent. Es geht in erster Linie um die skizzierte Auswahl!

Wenn Sie offensiv mit der Alternativfrage arbeiten, verringern Sie nicht nur das Risiko, ein „Nein“ zu erhalten, Sie forcieren auch deutlich positivere Entscheidungen. Der Mensch liebt es, die Auswahl zu haben. Diesem Wunsch kommen Sie mit der Alternativfrage entgegen: Ihr Gegenüber kann sich zwischen zwei Wahlmöglichkeiten entscheiden. Geschulte Verkäufer arbeiten sehr oft mit dieser Form der zielgerichteten Fragestellung.

Beispiel: Florian sitzt mit seiner Frau im Restaurant und hat gerade beim Kellner zwei Pizzen bestellt. Der Ober fragt: „Möchten Sie vielleicht noch eine Vorspeise?“ Florian verneint. Er hatte nur die Wahl zwischen „ja“ und „nein“.

Die bessere Frage: „Möchten Sie noch eine Vorspeise, oder darf ich Ihnen unseren Beilagensalat empfehlen?“ Bei dieser Alternativfrage hat Florian eine kleine Auswahl und entscheidet sich statistisch gesehen mit höherer Wahrscheinlichkeit doch für eine Zusatzbestellung. Jetzt hat er die Wahl. Das haben Sie bestimmt auch schon erlebt…

02
Was will Ihr Gesprächspartner?

Geben Sie Ihrem Gegenüber bei Verhandlungen genug Zeit, seine Wünsche zu nennen! Das spornt an, macht Spaß, schafft Nähe.

Egal, ob es um einen neuen Kunden oder ein größeres Projekt geht: Geben Sie Ihrem Gesprächspartner bei Verhandlungen oder auch bei Terminen zum Kennenlernen zunächst ausreichend Zeit, um seine Wünsche und Bedürfnisse zu skizzieren! In den meisten Terminen sagen die Teilnehmer sehr schnell, was „nicht geht", „wie wir uns das vorstellen" oder „was Optionen kosten würden". Genau hier setzen Sie an! Fragen Sie gezielt danach, welche Lösung nicht gewünscht ist, welchen Weg der andere gehen möchte oder welche Budgets nicht zur Verfügung stehen. Damit bieten Sie Freiraum und zeigen Interesse – das schafft eine hervorragende Basis für Ihre Kommunikation! Wenn sich Ansprechpartner im Rahmen von Projekten oder geschäftlicher

Zusammenarbeit austauschen, gehen sie viel zu oft sofort ins Detail. Sehr schnell ist die Rede davon, was der andere vorbereitet hat oder welches „Korsett" die Zusammenarbeit erfordert.

Es ist wie im Privaten, wenn eine Beziehung zwischen zwei Menschen entsteht oder die beiden sie bilderbuchartig pflegen: Wer Wünsche hinterfragt und genau zuhört, erfährt meist mehr als jemand, der den anderen nach seinen Vorstellungen „zurechtschneiden" möchte. Sie werden erstaunt sein, wie viele neue Informationen Sie mit diesem Verhandlungsverständnis erhalten werden und wie bedürfnisorientierter Ihre Argumentation sein wird.

Beispiel: Frau Donder ist Verkaufsleiterin einer mittelständischen Firma für Papiererzeugnisse. Ihr engster Kollege „überfällt" neue Kunden immer gleich mit den aktuellen Preislisten, Sonderangeboten und Mustern bzw. Referenzen. Frau Donder geht potenzielle Neukundentermine gezielt anders an. Sie erkundigt sich zunächst nach dem Hintergrund des Treffens: „Schön, dass Sie sich für unsere Angebote interessieren. Bevor ich Sie mit den Informationen zu unseren Produkten versorge – was ist der Hintergrund Ihrer Anfrage? Welchen Bedarf haben Sie? Was benötigen Sie genau? Was können wir tun, damit Sie zufrieden sind?"

03

Wecken Sie das Interesse Ihres Publikums

Bei einem Vortrag ist das „Wie“ wichtiger als das „Was“. Redner werden fast immer nach dem „Wie“ beurteilt und nur selten nach dem Inhalt.

Das war ein toller Redner!“ oder „Genial, so wie diese Frau möchte ich eine Präsentation auch halten können“ – das sind typische Aussagen über trainierte Rhetoriker. Redeprofis punkten vor allem durch die Art und Weise, wie sie ihren Vortrag halten. Der klassische Inhalt einer Rede oder einer längeren Argumentation ist natürlich auch wichtig, aber er ist nur selten für das finale Urteil entscheidend. Sammeln Sie Pluspunkte bei Ihrem Publikum durch die Art, wie Sie kommunizieren: durch einen kreativen Einstieg, einen kurzweiligen Verlauf oder auch ein paar Schmunzler.

Bereiten Sie sich künftig nicht nur auf den Inhalt Ihrer Rede vor, sondern machen Sie sich auch besondere Gedanken zum „Wie“. Diese entscheidende Komponente sollten Sie schnell zu Ihrem neuen Standard machen. Dabei sind Ihrer Kreativität keine Grenzen gesetzt: Vermitteln Sie mehr Spaß und Freude am Thema, formulieren Sie nachvollziehbare Bilder für Ihre Ideen und Lösungsansätze, inszenieren Sie Teile Ihres Vortrags, arbeiten Sie mit Überraschungen und planen Sie ein originelles Ende. Ein guter Redner macht die Dinge anders, kreativer und lockerer als die anderen!

Beispiel: Kathleen gehört zu den vier Gruppenleitern, die bei einer Klausur die Highlights des vergangenen Jahres vorstellen sollen. Die anderen haben schon ihre Präsentationen – ohne Höhepunkte – gehalten, nun ist Kathleen an der Reihe. Sie hat sich vor allem im Hinblick auf das „Wie“ vorbereitet: „Von 0 auf 100 – für unsere Gruppe war das vergangene Jahr wie ein Formel-Eins-Rennen …“. Nach diesem überraschenden Einstieg heftet Kathleen Bilder an die Pinwand, verteilt als Einzige aller Vortragenden ein Kurzhandout und bringt die Runde immer wieder angenehm zum Lachen. Anschließend sind sich alle einig: Das war die beste Präsentation.

04

Reden Sie über den Nutzen, nicht über den Preis

Je mehr Sie über passende Nutzen und Vorteile eines Themas argumentieren, umso unwichtiger wird der Preis.

Der Preis eines Produkts oder einer Dienstleistung spielt in unserer Welt eine entscheidende Rolle. Weil immer mehr Menschen und Unternehmen an allen Ecken und Enden sparen müssen oder möchten, ist er zwangsläufig eines der zentralen Argumente beim Kauf. Aber er ist nicht das Wichtigste – je nachdem, wie Sie argumentieren und natürlich auch abhängig vom Produkt oder der Dienstleistung. Je nützlicher ein Produkt für den Käufer ist, je entscheidender die Vorteile einer Dienstleistung sind oder je einzigartiger die Argumente für einen Kauf, desto weniger geht es um den Preis.

Obwohl wir alle sensibel auf Preise reagieren, ist uns selbstverständlich klar, dass besondere Dinge oft auch einen höheren Preis haben. Viele Verkäufer machen den Fehler, im Zusammenhang mit dem Preis nicht den richtigen oder zu wenig Nutzen zu nennen. Denken Sie einfach an sich selbst: Wenn Sie von einem Produkt restlos begeistert sind, wissen Sie sehr wohl, dass es auch seinen Preis hat. Das setzt jedoch voraus, dass Ihnen genügend Vorteile klar sind, damit Sie den Kaufpreis vor sich selbst (sogar gern) rechtfertigen. Stimmt der Nutzen, spielt der Preis schnell eine sekundäre Rolle!

Beispiel: Karin hat sich ein neues Auto gekauft. Der Kaufpreis lag zwar 1.000 Euro über dem Betrag, den sie höchstens ausgeben wollte. Trotzdem hat sie begeistert zugeschlagen! Die Vorteile bei diesem Auto, die ihr genannt wurden und ihr bekannt waren, machten den entscheidenden Unterschied: Sie konnte noch am selben Tag über den Wagen verfügen, er hatte die ideale Farbe, auch Details wie Kilometerstand und Ausstattung waren toll. Weil sie sich sofort für das Auto entschied, konnte Karin auch endlich ihrer mühseligen Suche ein Ende setzen. Durch die vielen Vorteile waren auch die Mehrkosten schnell vergessen.

05

Versprechen Sie nicht zu viel

Hinter jedem Versprechen steht eine Verbindlichkeit, die Zeit kostet. Seien Sie also vorsichtig mit Zusagen.

„Kein Problem, das maile ich dir heute noch“ oder „Klar, lass uns gleich morgen treffen“ – anderen einen Wunsch zu erfüllen oder Unterstützung in Aussicht zu stellen, ist oft schneller gesagt als getan. Ein großer Teil der Zusagen in unserem beruflichen und privaten Alltag wird nicht eingehalten und schafft dadurch für alle Beteiligten ein hohes Frustpotenzial. Viele Menschen machen Versprechen, ohne zu berücksichtigen, dass sie dafür Zeit aufwenden müssen. Und fast immer kommt etwas dazwischen! Es ist also leichter, Zusagen zu machen, als sie einzuhalten.

Es dauert doppelt so lange wie geplant, das versprochene Konzept zu erstellen, ein spontaner Termin muss einer Sitzung weichen und selbst bei kleinen Gefälligkeiten kann schnell mal etwas dazwischenkommen. Berücksichtigen Sie bei künftigen Versprechen, dass hinter jeder Zusage Arbeit und damit auch ein Zeitaufwand steht. Und noch etwas: Meist dauert es länger, etwas zu erledigen, als dies ursprünglich vorgesehen war. Planen Sie künftig mehr Puffer ein! Versprechen Sie definitiv nichts mehr, was Sie nicht sicher halten können. Alles andere ist unprofessionell und kontraproduktiv!

Beispiel: Julia und Mathias werden am Mittwoch gefragt, ob sie für eine Veranstaltung ein Kurzkonzept erstellen möchten. Julia erwidert spontan: „Gern, ich mache das. Morgen steht nichts in meinem Kalender. Ich könnte das Konzept morgen Abend bereits mailen. Kein Problem, das schaffe ich leicht.“ Mathias ist vorsichtiger (und realistischer): „Klar, ich kann das auch machen. Der Donnerstag ist auch bei mir frei. Ich erstelle das Konzept bis Montagmittag, dann kann mir nichts dazwischenkommen …“

06

Bieten Sie Lösungsansätze

Argumentieren Sie lösungsorientiert – und vermeiden Sie problemorientierte Diskussionen.

Meist diskutieren Menschen Themen problemorientiert, den Blick auf die Vergangenheit gerichtet und nur selten nach vorn. Die Folgen: stundenlange Sitzungen und ständig wiederkehrende Streitgespräche. Die Beteiligten tauschen Vermutungen über Fehlerursachen aus, diskutieren zurückliegende Maßnahmen, die zur gegenwärtigen Lage beigetragen haben, und sprechen Perspektiven an, die neue Probleme bringen werden. In Diskussionen nehmen negative Aspekte einen sehr hohen Anteil des Zeitbudgets in Anspruch, bevor die Teilnehmer dann (und das auch nicht immer) endlich die Chancen und Lösungen ins Auge fassen.

Verbessern Sie das Kommunikationsniveau und sparen Sie zugleich Zeit. Viele Prozesse und Diskussionen lassen sich stark verkürzen, wenn die Beteiligten ihren Blick schneller und zuversichtlich nach vorn richten. Dazu müssen diese auch sprachlich bereit sein, schnell lösungsorientiert zu denken und so zu kommunizieren, sobald die Herkunft des Problems lokalisiert ist! Denken Sie um, sehen nicht nur Probleme und nennen Sie nicht immer neue Risiken – argumentieren Sie bewusst lösungsorientiert und machen Sie sich selbst und anderen damit eine große Freude. Ganz abgesehen von der zielgerichteten Entwicklung von Projekten und Diskussion, die fast automatisch damit einhergeht.

Beispiel: Das Team einer Softwarefirma sitzt wieder einmal in der üblichen, zeitraubenden Entscheiderrunde und diskutiert die rückläufigen Verkaufszahlen. Der Chef sagt: „Das Problem ist der harte Wettbewerb. Wenn wir die Verpackung verändern, gibt es ein neues Problem. Schlecht wäre es auch, wenn wir den Preis …“. Mit diesen Formulierungen blickt er schneller nach vorn: „Das Problem ist der harte Wettbewerb. Risiken gibt es immer, aber das sollten wir planen und probieren: Verpackung optimieren, Preismöglichkeiten prüfen, neue Ideen fördern, ein Pilotprojekt starten …“

07
Sprechen Sie so, wie immer

Suchen Sie in wichtigen Gesprächen nicht händeringend nach „besseren" Formulierungen. Bleiben Sie authentisch in Ihrer Sprache.

Viele Menschen wollen es in entscheidenden Gesprächen besonders gut machen: wenn die Rede sehr wichtig ist, die Präsentation glänzen soll oder der Eindruck perfekt sein muss. Dann neigen manche Redner dazu, nach „besseren" Formulierungen zu suchen. Diese vermeintlich „schöneren" Sätze bauen sie dann spontan in ihre Erzählungen ein.

Hinter dieser sprachlichen Anpassung steckt meist der Versuch, kompetenter oder eleganter zu wirken. In fast allen Fällen bleibt jedoch ein unnatürlicher, oft künstlicher Eindruck zurück. Die Formulierungen sind ungewohnt und erzielen nicht die gewünschte Wirkung, im Gegenteil: Der Redner wirkt unnatürlich und verliert wichtige Punkte.

Sprechen Sie so, wie Sie immer sprechen! Benutzen Sie auch in wichtigen Momenten die Sprache, die Ihnen vertraut ist - gerade, weil Sie damit sehr sicher sind. Arbeiten Sie besser täglich an Ihrem sprachlichen Niveau, an Ihrem Wortschatz oder an Ihrer Fähigkeit, ganz allgemein frei zu sprechen. Alles, was Sie spontan ausprobieren, wirkt meist nicht „echt" - dann fehlt Ihnen die Erfahrung, die Routine, die nötige Sicherheit.

Beispiel: Oliver stellt sich seinem neuen Chef vor und meint: „Vom beruflichen Werdegang her habe ich zunächst mein Abitur absolviert und eine Lehre getätigt, als ich mich dann konsequenterweise für ein Berufsbild entschieden habe ..."

Für einen 22-Jährigen wirkt Olivers Sprache sehr aufgesetzt und verkrampft. So würde er es niemals einem guten Freund erzählen. Er kann sich viel glaubwürdiger und damit auch einem neuen Arbeitgeber gegenüber viel besser darstellen: „Zu meiner beruflichen Vergangenheit: Nach meinem Abitur habe ich meine Lehre abgeschlossen und einen neuen Job gesucht. Es hat geklappt, ich bin dann im Anschluss ..."

08

Verschenken Sie ein Lächeln

Ein Lächeln öffnet Türen, schafft angenehme und wichtige Nähe: Das ist ein banaler, aber nahe liegender Schlüssel zum Erfolg.

Wer nicht ernst in die Runde schaut, der verliert Kompetenz: Das ist eine falsche Einstellung, die in unseren Büros weit verbreitet ist. Immer wieder begegnen uns Menschen, die an sich Grund zur Freude haben, weil sie einen Abschluss erzielt haben oder sich Ihr Projekt sehr gut entwickelt. Trotzdem ist ein Lächeln weit und breit nicht in Sicht. Hintergrund ist meist die falsche Überzeugung: „Bei Geld ist absolute Seriosität angebracht, für ein Strahlen ist kein Platz“ oder „Wenn wir in unserer Leitungsrunde diskutieren, sollte ich mich im Hinblick auf meine Position stets ernst und sachlich zeigen.“

Wer lächelt, gewinnt an Ausstrahlung – und verliert keine Kompetenz. Das Lächeln ist einer der mächtigsten

Verstärker der nonverbalen Ebene. Es wirkt ohne Worte, verbindet Menschen und schafft ein hervorragendes Gesprächsklima. Ein Lächeln steckt an! Nutzen Sie täglich die Gelegenheit dazu, auch bei „wichtigen" Terminen, die sich um bedeutende Themen oder große Summen drehen. Damit tun Sie das, was viele Manager nicht mehr machen: Sie lächeln und punkten damit bei Gesprächspartnern, Freunden und Kollegen. Mehr als zwei Drittel unserer Kommunikation funktionieren über die nonverbale Ebene – also unsere Körpersprache. Wer glaubt, er müsse sich immer ernst zeigen, sollte sich darüber im Klaren sein, dass er auch damit eine klare (und meist negative) Botschaft sendet.

Beispiel: Jeden Montag treffen sich die Abteilungsleiter einer Firma zu ihrer Wochensitzung. Es geht um Entwicklungen und neue Projekte. Herr Dasmus ist heute Gast, der ein Konzept vorstellen soll. Nach 15 Minuten ist ihm klar – Gleichgesinnte sind unter sich: Alle zeigen sich ernst, von einem Lächeln oder Begeisterung keine Spur. Der Runde fehlt Freude, wirklich locker scheint niemand zu sein. Herr Dasmus ist erschrocken über das „erlernte Verhalten" und beginnt seinen Vortrag ganz bewusst mit einem Lächeln. Und tatsächlich: Die Stimmung dreht, und einige der Anwesenden lächeln gern und schnell zurück.

09
Bauen Sie auf Empfehlungen

Eine Empfehlung ist ideal für einen Neukontakt. Nennen Sie, wann immer es geht, jemanden, der Sie empfohlen hat.

Neben dem Inhalt, also der sachlichen Ebene, ist das gute Gefühl des Miteinanders in der Kommunikation von besonderer Bedeutung. Diese emotionale Ebene ist für den Gesprächserfolg sogar entscheidend, sobald die Inhalte geprüft wurden. Nennen Sie bei Neukontakten eine Empfehlung und bauen Sie so schneller einen guten Draht zu Ihrem Gesprächspartner auf.

Wer sich über eine Empfehlung an einen potenziellen Kunden wendet, hat sogar einen doppelten Vorteil: Erstens ist er dadurch kein Unbekannter, da es offensichtlich über eine Zwischenperson bereits eine indirekte Verbindung gibt. Zweitens ist eine Empfehlung immer positiv besetzt und signalisiert Vertrauen, Nähe und positive Erfahrungen. Wer empfohlen wird, hat jemand anderes bereits Gutes getan. Leiten Sie deshalb Gespräche mit neuen Ansprechpartnern mit einer direkten oder indirekten Empfehlung ein. Dann sind Sie nicht mehr einer von vielen, der mal wieder etwas möchte.

Beispiel: Kerstin ist selbstständig und berät mittelständische Unternehmen. Sie möchte bei der Firma Mustermann anfragen, ob dort womöglich Bedarf für ihre externe Unterstützung besteht. Eine Freundin erzählt ihr, sie hätte sich dort einmal beworben, wäre aber leider nicht genommen worden. Sie erinnere sich jedoch daran, dass die Ansprechpartner sehr nett waren und die Firma schön am Stadtrand liegt. Kerstin nutzt diese wenigen Informationen, um sehr geschickt zum ersten Mal mit der Geschäftsleitung zu telefonieren: „Ich möchte Ihnen gern meine Arbeit vorstellen. Ihr Unternehmen wurde mir von einer Freundin empfohlen, die Ihr Haus sehr angenehm in Erinnerung hat: nette Kollegen, eine schöne Lage …“

10
Nennen Sie den Preis nicht zum Schluss

Betten Sie den Preis in gute Argumente ein.
Schieben Sie den Nutzen und die Vorteile
für den Käufer nach.
Dann geht es nicht ums Geld.

Der Preis spielt – neben den Vorteilen und Eigenschaften des Produkts – eine wichtige Rolle, ganz gleich, ob Sie sich privat etwas kaufen möchten oder Sie im Job immer wieder Produkte oder Dienstleistungen verkaufen. Erst wenn der Kunde den Preis kennt, kann er sich entscheiden. Stimmt er im Vergleich zur Leistung? Gibt es günstigere Alternativen? Worauf muss ich verzichten, damit ich Geld sparen kann?

Ein guter Verkäufer nennt den Preis als wichtige Information ganz deutlich. Entscheidend ist aber, dass diese wichtige Information nicht am Schluss steht. Denn das Ende einer Aussage ist besonders bedeutend und ihm gehört höchste Aufmerksamkeit. Es ist in der Regel der beliebteste Anknüpfungspunkt, da der Zuhörer sich ihn leicht merken kann. Betten Sie den Preis daher in Ihre Nutzenargumente und die Schilderung der Vorteile ein. Schieben Sie nach Möglichkeit eine besonders gute Begründung nach, dann geht es ganz schnell nicht mehr nur um den Preis!

Beispiel: Herr Hobermann und Frau Wertner sind Verkäufer. Beide möchten einem Kunden ein Auto verkaufen. Herr Hobermann sagt: „Dieses Auto ist wirklich sehr schön, TÜV und ASU neu, es hat wenige Kilometer und eine gehobene Ausstattung. Der Kaufpreis liegt bei 7.900 Euro!“ Der Kunde meint: „Oh, 7.900 Euro sind etwas mehr, als wir ausgeben wollten …“. Frau Hobermann argumentiert besser: „Dieses Auto hat nur wenige Kilometer und eine Superausstattung. Für 7.900 Euro bekommen Sie hier ein wirklich einmaliges Preis-Leistungs-Verhältnis! TÜV und ASU machen wir neu, und der Wagen ist sofort verfügbar!“ Der Kunde: „Ah, das wäre wichtig, wir könnten ihn also schon morgen anmelden.“ Der Preis bleibt zwar gleich, aber der Kunde sieht ihn nicht mehr als erstrangig an.

11

Stehen Sie zu Ihren Fehlern

Selbstsichere und souveräne Menschen gestehen Fehler ein. Wer auch etwas zugeben kann, ist kein Verlierer, sondern der sichere Gewinner.

Wenn es darum geht, Ausreden zu erfinden, sind die meisten Menschen Meister. Etwas ist schiefgegangen, ein Termin wurde vergessen oder es hat sich ein kleiner Fehler eingeschlichen – kaum jemand gibt sein Versäumnis einfach zu. Die Menschen reden drum herum, erklären, warum eigentlich andere verantwortlich sind oder warum sie selbst nicht wirklich etwas dafürkönnen.

Dabei ist es nicht nur menschlich, seine Fehler einzugestehen, sondern auch äußerst gewinnbringend. Wer sich für seinen Ausrutscher klar verantwortlich zeigt, erntet langfristig mehr Respekt und fühlt sich selbst auch noch besser. Für viele Unternehmer ist es mittlerweile nicht mehr entscheidend, dass keine Fehler gemacht werden, sondern was der Einzelne daraus lernt und macht. Fehler bieten außerdem ein enormes Potenzial zu wachsen. Wer sie nicht zugibt, schafft auch im Privaten großes Stresspotenzial. Der wirkliche (und langfristige) Gewinner ist immer derjenige, der sich klar, schnell und unkompliziert zu seinen Fehlern bekennt.

Beispiel: Der Auszubildende Bernd hat die Aufgabe, freitags seinem Chef einen kurzen Wochenbericht ins Fach zu legen. Dieser Report ist die Basis für ein kurzes Mitarbeitergespräch zu Beginn der jeweils nächsten Woche. Als der Chef am Montag Bernd nach seinem Bericht fragt, der diesmal nicht im Fach lag, meint dieser: „Äh, ich war doch letzte Woche sehr erkältet und dann kam auch noch eine Lieferung und Herr Maier meinte, ich sollte ihm noch bei … . “ Bernd möchte sich herausreden, und das findet sein Chef natürlich nicht o.k. Besser wäre es, wenn Bernd so reagiert: “Oh, das tut mir Leid. Um es ehrlich zu sagen, ich habe es einfach vergessen. Damit das nicht mehr passiert, habe ich mir jetzt eine wiederkehrende Erinnerung im PC eingetragen! Entschuldigung.“

12

Was ist die Botschaft?

Nennen Sie lieber ein
sehr gutes Argument als viele
durchschnittliche Details.
Was ist das Zentrale oder Wichtigste?

In nahezu jedem Gespräch argumentieren die Teilnehmer. Wenn Menschen sich austauschen, dann reden sie über ihre Werte, Ansichten oder Meinungen. Sie begründen ihre eigene Position dabei über Argumente, meist auch mit dem Ziel, den oder die anderen davon zu überzeugen. Je wichtiger das Gesprächsthema ist, desto entscheidender ist die Bedeutung der Argumente. Ein großer Streit im Privaten oder die seit Langem geplante Sitzung in der Arbeit – Argumente sind ein zentraler Bestandteil unserer Kommunikation.

Arbeiten Sie besser mit ausgewählten, besonders wichtigen Argumenten und nicht mit vielen kleineren Aspekten. Denn in der Regel kommt es nicht auf die Zahl der

Argumente an, sondern auf deren Gewicht und auf die Relevanz der genannten Punkte. Dieses zielgerichtete Vorgehen hat einen großartigen Vorteil: Sie machen Ihren Standpunkt übersichtlicher und leichter zu merken, gleichzeitig auch nachvollziehbarer. Genau das ist der Grund, warum sich dann diese Argumente in den meisten Fällen des Alltags durchsetzen und von anderen als überzeugender wahrgenommen werden! Nennen Sie daher maximal drei, aber dafür sehr starke Argumente.

Beispiel: Sie möchten sich das o.k holen, in der nächsten Sitzung eine Idee präsentieren zu können. Variante 1 mit mehreren Argumenten: „Ich möchte gern nächste Woche ein Konzept vorstellen, weil es wichtig ist, dass wir schnell umdenken und unsere Ziele besser erreichen! Ich habe jetzt zwei Wochen daran gearbeitet, viele Meinungen eingeholt, außerdem sind in der nächsten Woche alle da und ich meine auch, dass … .“ Entscheiden Sie sich lieber dafür, einen sehr wichtigen Aspekt anzubringen: „Ich möchte gern ein Konzept vorstellen. Ich habe eine Idee ausgearbeitet, die unser Umsatzproblem innerhalb von drei Monaten lösen kann!“

13 Versteht Sie Ihr Gegenüber?

Verzichten Sie auf ungewöhnliche Abkürzungen und exotische Fachausdrücke – sprechen Sie die Sprache Ihres Publikums.

Eine Grundregel im Marketing lautet: Sprich die Sprache deines Kunden. Das ist eine einfache Grundhaltung mit großer Wirkung. Gute Kommunikatoren stellen ihr Gegenüber in den Mittelpunkt: seine Sprache, seine Sicht der Dinge, seine Welt. Je mehr Sie sich auf Ihre sogenannte „Zielgruppe" einlassen, desto schneller finden Sie den richtigen Draht. Machen Sie es Ihrem Zuhörer so einfach wie möglich, Ihnen zu folgen. Das erreichen Sie am schnellsten, wenn Sie Ihre Worte bewusst wählen.

Seien Sie vorsichtig, unübliche Abkürzungen einzusetzen – das ist oft ein Hinweis auf einen Selbstdarsteller. Das gilt auch, wenn jemand besonders viele Fachausdrücke benutzt. Solche „Maschen" sind meist nur dafür da, gegenüber anderen zu punkten. Allerdings tritt genau das Gegenteil ein: Entweder bemerken die Zuhörer die Inszenierung, oder sie sind einfach überfordert, die komplizierten Informationen für sich zu übersetzen oder einzuordnen. Die Zuhörer schalten ab, finden den Redner unglaubwürdig – und das bleibt ihnen lange im Gedächtnis.

Beispiel: Abteilungsleiter Schmur ist dafür bekannt, in jeder Diskussion oder einer seiner Präsentationen mit Fachausdrücken und Abkürzungen um sich zu werfen. Seine Kolleginnen und Kollegen haben sich daher schon seit Jahren ihr Urteil über ihn gebildet. „Dieser Wichtigtuer“ oder „Oh, wie armselig, dass der das nötig hat …“ murmeln sie immer wieder. Statt einer Lastschrift spricht er von „ELVs“, Leerzeichen sind bei ihm generell „Blanks“. Herr Schmur verliert mit jeder seiner Darstellungen weiter an Glaubwürdigkeit, bestätigt die Vorurteile und ist nicht bereit, über seine Sprechweise nachzudenken. Schade, denn dieses kommunikative Verhalten hat zwischenzeitlich auch sein Chef bemerkt – zu viele Mitarbeiter haben sich darüber schon genervt unterhalten.

14

Üben Sie die spontane Rede

Trainieren Sie eine flüssige Sprache mit der „3-Wörter-Rede". Notieren Sie sich drei beliebige Wörter und erzählen Sie eine kreative Geschichte.

Ein guter Redner findet schnell die passenden Worte und spricht angenehm flüssig. Viele Menschen haben aber genau damit Probleme: Ihnen fällt das freie Formulieren ohne große Hänger schwer. Mit der „3-Wörter-Rede" können Sie den Redefluss jederzeit, diskret und unkompliziert trainieren: Notieren Sie sich drei Schlagworte, die Ihnen spontan einfallen! Seien Sie kreativ oder nehmen Sie nahe liegende Begriffe wie Sonne oder Urlaub. Schon können Sie beginnen! Erzählen Sie sich nun laut eine Geschichte oder halten Sie zu diesen Stichpunkten eine kleine Rede! Sprechen Sie etwa eine Minute.

Diese Übung hat zwei wichtige Vorteile: Zum einen trainieren Sie Ihren Redefluss, weil Sie das freie Sprechen immer wieder praktizieren. Die „Herausforderung“ wird also normal für Sie. Zum anderen hören Sie sich selbst reden: Sie beweisen sich, dass Sie spontan kreativ sind und dass Sie im Laufe der Zeit immer freier und flüssiger formulieren können. Erhöhen Sie den Spaßfaktor dieses Trainings, indem Sie ausgefallene oder sehr unterschiedliche Wörter als Ausgangspunkte nehmen. Starten Sie einfach mit Kombinationen wie „Haus, Garten, Garage“. Kreativer wird es dann mit „Strand, Werkstatt, Stau“ oder „BH, Vorstand, Schulden“. Ihr Trainingsvorrat an Schlagworten ist unerschöpflich, üben können Sie auf dem Sofa, im Auto, im Bad …

Beispiel: Veronika übt täglich beim Aufräumen, um die „Leerlaufzeit“ zu nutzen. Soeben hat sie sich „Internet, Badewanne, Uhr“ überlegt. Sie stellt sich vor, eine Präsentation zu halten: „Liebe Kollegen. Das Internet hat unser Leben verändert. Ich habe gestern eine Studie gelesen …“ Veronika leitet über: „… ein unglaubliches Ergebnis. Ich frage mich, wann auch Internet in der Badewanne zum Standard wird. Das mobile Surfen im Internet ist ja zum Beispiel auf Terrassen und Balkonen schon weit verbreitet und das rund um die Uhr …“ Veronika schmunzelt und macht gut gelaunt weiter.

15

Machen Sie sich nicht kleiner, als Sie sind

Vermeiden Sie alle Verkleinerungen oder Erniedrigungen: Meine Wenigkeit, als Anfänger, als Neuling ...

Wer sich kleiner macht, als er ist, positioniert sich schlecht und arbeitet gegen sich. „Meine Wenigkeit" wirkt unsicher und defensiv. „Ich kann das als Anfänger nur insofern beurteilen ..." lädt regelrecht zum Angriff ein. „Ich bin ja ein Neuling in der Abteilung ..." wird Sie nicht weiterbringen, schon gar nicht zum Experten machen. Zudem fliegt dieses Verhalten ohnehin oft als „Fishing for compliments" auf. Verkaufen Sie sich also nicht unter Wert. Durch eine angemessene Selbsteinschätzung stärken Sie auch Ihr Selbstvertrauen.

Die Gründe für solche – meist unüberlegten – Aussagen sind sehr unterschiedlich: Entweder mangelt es an

Selbstbewusstsein, oder es handelt sich um übernommene Floskeln anderer. Viele Menschen glauben, sich mit diesen Sätzen schützen oder schon im Voraus für unterdurchschnittliche Leistungen entschuldigen zu können. Unabhängig von Ihrem Beweggrund sollten Sie dieses Verkleinern einfach einstellen. Es ist kontraproduktiv, diese Formulierung einer Aussage voranzustellen: Ihre Kollegen oder Freunde wissen sehr wohl, dass Sie neu in der Abteilung sind, dass es in der Hierarchie Vorgesetzte gibt oder Sie das ein oder andere einfach (noch) nicht so gut können. Sie haben schon gewonnen, wenn Sie die Verkleinerung einfach weglassen!

Beispiel: Marion ist eher schüchtern. Aus Unsicherheit arbeitet sie in Diskussionen mit Verkleinerungen: „Ich war ja noch nicht oft Gruppenleiterin, deswegen …“ oder „Als Jüngste in der Abteilung bin ich mir nicht sicher“ sind typisch für sie. Um souveräner zu wirken, reicht es bereits aus, die verkleinernde Einleitung wegzulassen. Sie merkt, dass sie sich dann auch gleich wertiger fühlt. Aus „Ich arbeite ja nur in Teilzeit, aber ich schlage vor …“ wird ein „Ich schlage vor“. Weniger ist oft mehr!

16

Senden Sie Ich-Botschaften

Wenn Sie Kritik üben, wählen Sie die „Ich"-Perspektive, sprechen Sie von Ihren Gefühlen und bieten Sie Lösungen.

Kritik ist ein wichtiges Feedback-Instrument. Damit geben wir anderen Informationen darüber, was sie aus unserer Sicht besser oder anders machen können. Meist ist von konstruktiver Kritik die Rede, zum Einsatz kommt sie aber nicht. Es ist vielleicht gut gemeint, einen harten Vorwurf mit den Worten „Weil ich dich mag, möchte ich dir zu unserem Gespräch noch konstruktive Kritik geben …" einzuleiten, in der Regel ist es aber unprofessionell. Gute Kritik ist kein Vorwurf, keine Unterstellung und keine Vermutung. Sie ist die wertschätzende Formulierung eines persönlichen Eindrucks samt Verbesserungsvorschlag.

Daher gilt folgende Regel: Gute und konstruktive Kritik stammt immer aus der Ich-Perspektive, spricht von

Ihren Gefühlen, Beobachtungen oder den Wirkungen auf Sie persönlich und bietet zugleich einen Verbesserungsvorschlag für das beanstandete Verhalten. Alle Kritikversuche, die mit „Du" oder „Sie" beginnen, sind meist unproduktive Unterstellungen. Chefs oder Kollegen geben oft falsch formulierte Kritik als konstruktive Rückmeldung aus. Damit sollten Sie sich nicht zufriedengeben.

Beispiel: Herr Knoller ist der Vorgesetzte von Frau Kummer. Er meint: „Ich möchte Ihnen noch konstruktive Kritik zu Ihrem Verkaufsgespräch geben! Sie waren recht egoistisch und haben dem Kunden nicht genügend Möglichkeit gegeben, Fragen zu stellen. Seien Sie bitte beim nächsten Mal wertschätzender!"

Herr Knoller arbeitet mit Behauptungen und unterstellt Frau Kummer ein Fehlverhalten. So hätte er konstruktive Kritik gegeben: „Frau Kummer, noch konstruktive Kritik zu Ihrem Verkaufsgespräch. Ich hatte das Gefühl, der Kunde wollte Ihnen noch Fragen stellen, er hatte aber wohl kaum Zeit dafür. Auf mich wirkte Ihre Argumentation recht egoistisch. Probieren Sie es doch mal aus, dem Kunden gezielt mehr Fragen zu stellen, und achten Sie darauf, dass ..."

17
Relativieren Sie Ihre Aussagen nicht

Mit Füllwörtern verwässern Sie Ihre Aussage. Sparen Sie sich unnötige Einschübe.

Wer Aussagen relativiert, zeigt, dass er keinen klaren Standpunkt vertritt. Wenn Sie Füllwörter – zum Beispiel die Klassiker „eigentlich" oder „weitgehend" – nutzen, verwässern Sie Ihre Aussagen und schwächen Ihre Position. Eine Aussage sollten Sie immer nur dann relativieren, wenn Sie in der Tat signalisieren möchten, dass Sie noch keine klare Meinung zu einer Angelegenheit haben. „Ich finde deine Idee mit dem Wochenendausflug eigentlich ganz gut" sagt klar aus, dass es Bedenken gibt, die offensichtlich noch zu klären sind. Das Füllwort ist in dieser Aussage also nur dann angebracht, wenn Sie Ihre Bedenken indirekt ansprechen möchten.

Sehr viele Menschen, vor allem unsichere Redner, relativieren ihre Aussagen jedoch unbewusst. Dadurch zeigen sie sich im Alltag nicht so geradlinig, wie sie sein möchten oder könnten. Der Einsatz von Füllwörtern ist weit verbreitet – bringt aber keinerlei Vorteil. Dabei ist es ganz einfach: Streichen Sie das Füllwort aus Ihrer Aussage und schon kommunizieren Sie wesentlich klarer! Eine Kleinigkeit mit großer Wirkung. Wer klar und direkt formuliert, wird seltener falsch verstanden und erleichtert seinem Gegenüber, ihm zuzuhören. Seine Botschaft erhält mehr Gewicht und wirkt professioneller.

Beispiel: Projektleiter Christoph möchte in einer Besprechung seine Bedenken zu den geplanten Einsparungen nennen. Bis vor Kurzem hätte er das noch so getan: „Ich bin mit dem neuen Vorschlag eigentlich einverstanden. Im Hinblick auf unseren Etat glaube ich allerdings, dass wir alle zusammen … ." Heute weiß Christoph, dass er beide Sätze durch Füllwörter relativiert hat. Geradlinigkeit und klare Kommunikation bedeutet ihm sehr viel, zwischenzeitlich punktet er bei seinen Kollegen, indem er Füllwörter einfach weglässt: „Ich bin mit dem Vorschlag nicht einverstanden. Wenn ich an unseren Etat denke, sollten wir lieber … ."

18

Keine Verzögerungen, bitte!

Eine selbstsichere Stellungnahme beginnt mit dem ersten Wort – und nicht mit Räuspern, Husten, „Äh, also“ oder „Mhh“.

Egal, ob sie eine Präsentation starten, in einer Sitzung das Wort ergreifen oder sich einfach nur am Telefon melden: Viele Menschen verschenken immer wieder die Möglichkeit, mit den ersten Worten souverän und selbstbewusst zu wirken. Sie setzen vor die eigentliche Aussage unbewusst ein „Ähhh“ oder „Also“, ein standardisiertes Räuspern oder andere „Laute“. Das mag klein und unscheinbar wirken, wenn Sie bedenken, dass eine längere Stellungnahme folgt. Wenn Sie jedoch die Bedeutung des Anfangs ernst nehmen, ist es ein entscheidendes Detail. Wie Sie beginnen, bestimmt den ersten Eindruck, den Ihr Zuhörer von Ihnen hat, damit entscheiden Sie über seine Grundhaltung Ihnen gegenüber.

Wirklich selbstsicher, zielbewusst und professionell wirken Sie, wenn Sie genau diese „Kleinigkeiten“ besser machen als viele Ihrer Kollegen oder Freunde. Jedes Füllwort und jeder unkontrollierte Laut wie „Mhh“ oder „Ähh“ schwächen die nachfolgende Aussage im Unterbewusstsein Ihrer Zuhörer ab. Innerhalb der ersten Sekunden machen sich andere Menschen (immer wieder) ein Bild von Ihnen. Wenn Sie sich hier gezielt geradliniger zeigen, verschaffen Sie sich langfristig auch ein anderes Standing, denn Sie tun etwas, was viele nicht tun. Formulieren Sie ohne Füllwörter (wie „also“ oder „soweit“) und beginnen Sie Ihre Aussage ohne Fülllaute (wie „Mhhh“ oder „Ähhh“)! Ein weiterer Baustein Ihres gehobenen Kommunikationsniveaus mit Langzeitwirkung!

Beispiel: Arbeitskollege Hubert ist rhetorisch ungeschult. Das zeigt sich in einer Besprechung: „Mhhh, ich bin anderer Meinung.“ Auch Judith, seine Kollegin, beginnt üblicherweise mit „Also, ich schlage vor …“ Beide arbeiten mit vorgeschobenen Füllwörtern, die zwar minimal sind, die beide aber nur reduziert wirken lassen. Kollegin Alisa dagegen genießt bereits besonderen Respekt im Betrieb. Sie bringt sich generell mit einem feinen Unterschied ein: „Ich sehe das anders“ oder „Lasst es uns doch so machen“ sind geradlinige Aussagen von ihr, die mit zu ihrem Stellenwert beigetragen haben.

19

Benutzen Sie Verben

„Beendigungen, Forderungen oder Überprüfungen" sind substantivierte Verben und wenig elegant. Sprechen Sie lebendig mit Verben.

Verben stehen für aktives Handeln, lassen unsere Sprache frisch und lebendig wirken. Dabei ist es wichtig, Verben auch als Verben einzusetzen. Leider wandeln sie viele Menschen in der alltäglichen Kommunikation gern und fast schon gezielt in ein Substantiv um. So wird aus „werben" die Werbung, aus „sparen" die Einsparung und aus „bebildern" die Bebilderung. Substantivierte Verben erkennen Sie an der „-ung"-Endung.

Vermeiden Sie gezielt substantivierte Verben und machen Sie Ihre Sprache so lebendig, wie sie es verdient. Auch hier ist es nur ein kleiner Umdenkprozess, ein bewusster Vorsatz, um mit einer Kleinigkeit eine großartige Wirkung zu erzielen. Selbstverständlich können Sie das eine oder andere substantivierte Verb einsetzen, entscheidend ist, wie häufig und mit welchem Anspruch Sie es tun. Viele Redner glauben, dass sie mit substantivierten Verben noch kompetenter wirken – ein Irrglaube, der sicher nicht der Realität entspricht. Je lebendiger Ihre Sprache ist, desto begeisternder werden Sie auf andere wirken!

Beispiel: Helmut ist Finanzbeamter und möchte dem ihm gegenübersitzenden Steuerzahler seine Nachzahlung erklären: „Sie haben mit der Beantragung des Freibetrags und durch die Beendigung Ihrer freiberuflichen Tätigkeit ein Defizit bei der Erstellung Ihrer Steuererklärung genannt. Unter Berücksichtigung der Veranlagung des Vorjahres sind Sie nun in der Herausforderung, weitere Werbungskosten nachzuweisen. Bei der Festhaltung Ihrer Abgaben im Antrag und nach Genehmigung Ihres Freibetrags …" Der Kunde ist frustriert und das nicht nur, weil es ganz nach einer Nachzahlung aussieht. So hätte es auch gehen können: „Sie haben Ihren Freibetrag angemeldet, Ihre freiberufliche Tätigkeit ist beendet …"

20

Fassen Sie zusammen, was gesagt wurde

Menschen, die gut reden können und gern gehört werden, ziehen oft ein Fazit aus dem Gesagten. Bieten Sie immer wieder diesen sprachlichen Service.

Egal, ob Sie eine dreiminütige Stellungnahme in der Arbeit abgeben oder eine lange Präsentation vor Kunden halten, am Ende sollten Sie ein kleines Resümee als Service für Ihre Zuhörer bieten! Machen Sie Zusammenfassungen wichtiger Inhalte oder Ergebnisse zu Ihrem Standard. Bei nahezu jedem Thema oder jeder Diskussion bietet es sich an, das Gesagte nachzugliedern: eine kleine Zusammenfassung in der Mitte oder die wichtigsten Aspekte zum Schluss. Dieser Service wird Ihre Zuhörer begeistern, da Sie das Verständnis so wesentlich erleichtern. Sie fallen mit diesem kommunikativen Verhalten auch besonders positiv auf, weil es für viele Menschen keine Selbstverständlichkeit ist.

Die Zusammenfassung ist auch hervorragend geeignet, um wichtige Argumente nochmals hervorzuheben. Oft schildert uns jemand eine Situation zwar ansprechend und ausführlich, die wichtigsten Punkte gehen jedoch unter. Das, was an Ihrer Aussage besondere Bedeutung hat, sollten Sie ab sofort zusammenfassen. Eine Feinheit mit doppelter Wirkung: Sie hilft Ihnen selbst, sich auf das Wesentliche zu konzentrieren, und Ihr Publikum oder ihre Zuhörer können die Informationen besser verarbeiten!

Beispiel: Anita möchte ihren Freund davon begeistern, am Wochenende spontan einen Ausflug in die Berge zu machen. Voller Begeisterung erzählt sie von ihrer Idee. Sie schildert die mit Terminen überfüllten Wochenenden der vergangenen Monate, schwärmt von der tollen Wettervorhersage und nennt auch die Verpflichtungen der nächsten Zeit: Wochenendschichten, Abendtermine und Gartenarbeit. Ihr Freund hört ihr bei einer Tasse Kaffee interessiert zu, als sie zum Ende kommt: „Ich sag dir nochmal, warum wir das übermorgen machen sollten – erstens waren die letzten Wochenenden voller Termine, zweitens wird das Wetter jetzt endlich besser, und drittens sind wir beide an den Folgesamstagen nur am Arbeiten. Drei gute Gründe für eine spontane Buchung! Was meinst du?“

21

Treten Sie selbstbewusst auf

Präsentieren Sie sich selbstbewusst.
Signalisieren Sie mit Ihrer Sprache
mehr Souveränität.

Selbstsicherheit und Souveränität beginnen im Kopf. Beides zeigt sich schnell und deutlich in den Aussagen eines Menschen. Viele, meist unbewusste Äußerungen spiegeln die innere Unsicherheit einer Person wider. Unsichere Persönlichkeiten geben sich meist rasch zu erkennen und outen sich mit dem, was sie sagen. „Das können andere besser!“, „Ich bin da nicht so fit!“ oder „Als einfacher Mitarbeiter dieser Firma ...“ sind typische Aussagen für Menschen, die sich kleiner machen, als sie sind. Hinzu kommt, dass diese Aussagen auch die Ängste des Redners verstärken. Diesen Kreislauf aus unsicherem Denken und defensivem Reden können Sie schnell und jederzeit stoppen.

Stellen Sie sich den Herausforderungen, die eine Rede, eine Präsentation oder eine Aufgabe mit sich bringen.

Nehmen Sie dieses Angebot für ein Training stets an! Jeder Auftritt wird Ihnen mehr Routine verschaffen. Zuversichtlichere Aussagen werden Sie außerdem stärken: „Klar, das probiere ich aus, ich habe es schon zweimal gemacht!“ oder „Die Gelegenheit nutze ich und trainiere!“ Neben der psychologischen Stärkung Ihres Unterbewusstseins erlebt Sie vor allem auch Ihr Umfeld „stärker“. Sehen Sie sich selbst einmal um – von wem hören Sie solche Aussagen? Was denken Sie über diese Personen? Zeigen Sie sich selbstbewusst und machen Sie den ersten Schritt!

Beispiel: Gerhard ist wie viele andere in seiner Abteilung dafür bekannt, bei der Aufgabenverteilung beschäftigt in Richtung Tischplatte zu sehen. Der Gruppenleiter spricht ihn dennoch an, da er einen Freiwilligen sucht, der auf der Jubiläumsfeier den Geschäftsbereich vorstellt. Früher hat Gerhard geantwortet: „Das können andere besser. Ich habe das einmal gemacht, das war nix. Ich kann nicht so gut vortragen.“ Heute sagt er: „O.k., gern. Ich will mich im Vortragen weiter verbessern, da ich das noch nicht oft gemacht habe. Was stellen Sie sich da genau vor? Wäre es in Ordnung, wenn ich …“

22

Sammeln Sie Erfolge – und Erfahrungen

Jeder Gesprächsmoment ist ein Erfolg. Entweder, weil etwas funktioniert hat – oder weil die Erfahrung Sie stärker macht.

Wir selbst sind unser stärkster Kritiker. Dadurch stehen wir uns im Alltag meist selbst im Weg. Ein wichtiges Gespräch über die berufliche Zukunft endet ergebnislos, weil unsere Argumentation nicht ideal war. In der Partnerschaft entsteht ein Streit, weil die wohlüberlegte Kritik doch falsch ankam. Der Termin mit dem Chef bleibt weit hinter den Erwartungen, da unsere Ideen nicht aufgegriffen wurden. Das sind Momente, die bei den meisten Menschen Frust auslösen und die dafür sorgen, dass sie untätig werden.

Entscheidend für eine visionäre und erfolgreiche Entwicklung der eigenen Persönlichkeit ist nicht nur das Erlebte, sondern vielmehr, welche Einstellung wir dazu haben. Wenn etwas gut funktioniert hat, sind wir gern stolz. In erster Linie benötigen wir aber Misserfolge, denn an ihnen können wir am schnellsten wachsen. Die Kunst besteht darin, das Erlebte nicht als klassische Niederlage zu sehen, sondern als Erfahrung. Mit der richtigen Sicht der Dinge gibt es keine wirklichen Pleiten! Sehen Sie Ihre Gespräche und Herausforderungen auch immer positiv: Entweder es war ein Erfolg, oder Sie haben neue Erfahrungen gesammelt, die Sie stärker machen. Denn jetzt wissen Sie, was nicht funktioniert hat.

Beispiel: Alexandra und Oliver haben bereits das dritte Mal die Möglichkeit, bei ihrem Chef nach einer Gehaltserhöhung zu fragen. Beide haben sich gut vorbereitet, gute Argumente gesammelt und nehmen die Herausforderung an. Alexandra hat es geschafft, sie erhält künftig mehr Geld. Oliver wurde vertröstet, es gibt vorerst keine Erhöhung. Es haben aber beide gewonnen: Oliver ist nicht wirklich geknickt. Im Nachhinein weiß er, woran es gelegen hat: Alexandra hatte die besseren Argumente und war beim Gehalt flexibler. Er fühlt sich gestärkt und ist sich sicher, mit dieser neuen Erfahrung sein Ziel das nächste Mal zu erreichen.

23

Ermöglichen Sie Entscheidungen

Bieten Sie Ihrem Gegenüber, wann immer es geht, eine Auswahl. Ideal sind zwei oder drei Alternativen.

Der Mensch liebt es, die Auswahl zu haben! Im Alltag entscheiden wir uns permanent: jetzt oder später essen gehen, dieses Modell oder jene Variante kaufen, das große oder kleine Paket buchen etc. Wer anderen eine Auswahl bietet, schafft gleich zwei Vorteile: Die Wahlmöglichkeiten sind übersichtlich und nachvollziehbar und die Alternativen werden gern gehört. Außerdem bieten Sie Ihrem Gegenüber mit einer konkreten Auswahl eine echte Hilfestellung an – da er sich im Alltag ja ohnehin permanent entscheiden muss.

Eine Auswahl kann natürlich auch aus drei oder mehr Alternativen bestehen. Allerdings sinkt die Bequemlichkeit, je mehr Wahlmöglichkeiten vorhanden sind. Formulieren Sie Ihre Alternativen daher immer so einfach wie möglich. Für das gute Entscheidungsgefühl im Unterbewusstsein sind zwei Varianten völlig ausreichend. Viel wichtiger ist es, dass die Entscheidungsalternativen so konkret wie möglich sind. Bieten Sie lieber die genauen Uhrzeiten „10:00 Uhr“ oder „16:00 Uhr“ an als die ungenauen Zeitfenster „vormittags“ oder „nachmittags“. Wenn Sie künftig zum Beispiel Termine vereinbaren, machen Sie sich das doch zum Standard: Bieten Sie Ihrem Gesprächspartner stets zwei Optionen. Ein kleines Detail mit großer Wirkung. Achten Sie einmal darauf, dass diese Kleinigkeit bei anderen leider kein verbreiteter Standard ist!

Beispiel: Herr Upmann führt gerade ein Telefonat mit einem Zulieferer. Das Gespräch verläuft sehr gut, und beide sind sich einig, dass sie weitere Details einer Bestellung in einem persönlichen Termin klären möchten. Damit das Kooperationsinteresse nicht verfliegt, soll noch in dieser Woche ein Zeitfenster gefunden werden. Herr Upmann: „Na, dann klären wir jetzt noch einen Termin und besprechen da unsere Zusammenarbeit. Sie sagten, der Freitag käme bei Ihnen ganztags in Frage. Ich sehe mal nach. Wunderbar! Sie können sich ein Zeitfenster aussuchen: entweder 11 Uhr oder 14 Uhr, jeweils eine Stunde. Wann wäre es Ihnen lieber?“

24

Meiden Sie den Konjunktiv

Formulieren Sie Vorschläge oder Aufgaben nicht im Konjunktiv. Sagen Sie, was Sie wollen.

Gerade in den produktiven Phasen eines Gesprächs kommt sehr oft der Konjunktiv zum Einsatz. Der Konjunktiv ist die Möglichkeitsform eines Verbs - aus „Wie gefällt Ihnen mein Vorschlag?" wird „Wie würde Ihnen mein Vorschlag denn gefallen?" Das ist besonders ärgerlich, weil verbindliche Absprachen oder konstruktive Vorschläge so unter einen Vorbehalt gestellt werden. Die empfundene Entschlossenheit sinkt, die geklärte Verbindlichkeit ebenso. Außerdem senden Sie durch den Konjunktiv ein klassisches Signal der Unsicherheit. Sehr viele Menschen, die rhetorisch weniger fit sind, arbeiten unbewusst damit. Der Konjunktiv wirkt meist sogar relativierend. Wer „hiermit etwas vorschlagen würde" spielt nicht in der gleichen Liga wie der überzeugender wirkende Kollege, der „hiermit vorschlägt, dass ...". Ein kleiner Unterschied in der Formulierung, aber eine große Wirkung beim Zuhörer.

Auch in diesem Fall gilt: Verzichten Sie bei klaren Aussagen immer auf den Konjunktiv und formulieren Ihre Botschaft aktiv: „Ich bin der Meinung, das geht besser!" oder „Ich werde dich dann am Samstag vertreten" sind wesentlich offensiver als die Aussagen „Ich wäre der Meinung ..." oder „Ich würde dann am Samstag ...". Sollten Sie sich dabei ertappen, doch im Konjunktiv formuliert zu haben, setzen Sie doch auch mal selbstbewusst nach „Ich würde vorschlagen (Gedankenpause) - Nein, ich schlage hiermit ganz klar vor, dass ..."

Beispiel: Zwei Sprechstundenhilfen einer Arztpraxis haben einen Termin beim Chef. Sie zeigen sich grundlegend unterschiedlich. Anita kommuniziert unbewusst im Konjunktiv: „Wegen unseres Notdienstes - ich würde vorschlagen, dass Kerstin das macht. Sie wäre sehr erprobt, und ich wüsste dann sicher, dass es gut funktioniert!" Wenig später ist Julia beim Chef. Sie wirkt auf ihn deutlich entschlossener: „Zum Notdienst - Ich schlage vor, das macht Kerstin. Sie ist sehr erprobt, und wir wissen dann, dass ..."

25
Seien Sie Optimist

Zeigen Sie sich stets zuversichtlich!
Wer visionär auftritt,
begeistert redet und Energie ausstrahlt,
kommt schneller voran.

Jeder hat bessere und schlechtere Tage. Mal kommen angenehme Dinge zusammen, an einem anderen Tag häufen sich Probleme und Hindernisse. Die Kunst ist, unabhängig von den Höhen und Tiefen immer Zuversicht auszustrahlen. Schwierigkeiten und Sorgen gehören zum Alltag, jedoch nicht in Ihre Kommunikation! Negative Aussagen sorgen für negative Gefühle. Achten Sie einmal darauf, was Sie selbst über Ihre Kollegen und Freunde denken. Es gibt Menschen, die den Eindruck hinterlassen, immer gut gelaunt zu sein und positiv nach vorn zu blicken. Fast automatisch fühlen wir uns solchen Personen näher, genießen es, mit ihnen zusammen zu sein und schenken ihnen zum Beispiel auch mehr Vertrauen.

Auch zuversichtliche Menschen haben ihre Durchhänger, und auch bei ihnen funktioniert nicht immer alles so, wie es soll. Aber durch ihre Art haben sie im Vergleich zu anderen und vor allem gegenüber Pessimisten einen entscheidenden Vorteil: Sie wirken positiver, sind beliebter und kommen dadurch schneller voran. Wenn Sie einem Problem nicht viel Raum geben, sondern zuversichtlich bleiben, wird es sich auch schneller wieder lösen. Zeigen Sie sich optimistisch! Es ist nur eine Frage der Zeit, bis auch Sie zu denjenigen gehören, die Sie selbst gern um sich haben. Ihr Image ist die Summe aller Wahrnehmungen!

Beispiel: Früher hat Patrizia oft davon erzählt, was gerade alles schiefläuft. Welche Sorgen sie hat, was sie aufregt: „Ich hasse dieses Projekt …“, „Heute habe ich mich schon wieder so geärgert, weil …“ oder „ So ein Mistwetter, ich habe keine Lust …“. Seit zwei Jahren denkt sie um und zeigt sich bewusst zuversichtlicher. Das hat ihr zwar nicht alle Misserfolge erspart, ihr Freundes- und Kollegenkreis schätzt sie aber mittlerweile sehr. Patrizia sagt heute: „Regenwetter, da können wir doch schön ins Kino gehen“ oder „Dieses langwierige Projekt – ich habe eine gute Idee …“

26

Nutzen Sie Spickzettel

Arbeiten Sie bei einer sehr wichtigen Rede mit Stichpunkten. So stellen Sie sicher, nichts Wichtiges zu vergessen.

Wer als Vortragender mit Stichpunkten arbeitet, ist immer auf der sicheren Seite. Die weitverbreitete Meinung, dass sehr souveräne Persönlichkeiten nicht einmal mehr Stichpunkte benötigen, ist jedoch nicht ganz richtig. Es geht nicht darum, ob jemand Stichpunkte braucht, sondern was er mit ihnen erreichen kann! Es ist keine Frage der Sicherheit, ob sich ein Redner über Stichpunkte eine elegante Orientierung gibt, es ist vielmehr reine Einstellungssache. Viele Profis, die wirklich großartig und frei reden können, arbeiten sogar ausnahmslos mit Stichpunkten: Schlagwörter und Notizen sichern während ihrer Rede ab, dass sie wirklich nichts vergessen. Ein Notizzettel ist außerdem eine tolle Möglichkeit, professionell und gut organisiert zu wirken. Was jemandem sehr wichtig ist, das schreibt er sich erst recht auf!

Dabei können Sie Ihre Notizen sehr flexibel gestalten: Vom klassischen Zettel über einen kleinen Ausdruck bis hin zur Erfassung im PDA oder Handy – möglich und hilfreich ist vieles. Arbeiten Sie offensiv mit Ihren Notizen! Wenn jemand Sie auf Ihre Spickzettel anspricht, können Sie doch erklären, dass Ihnen das Thema so wichtig ist, dass Sie sich dafür extra ein paar Punkte notiert haben!

Beispiel: Robert ist sprachlich sehr fit, äußerst schlagfertig und kann sich Dinge auch hervorragend merken. Trotzdem ist es für ihn schon seit langen Jahren Standard, mit Stichpunkten zu arbeiten. Als er wieder einmal in der Wochensitzung ist, nutzt er die Gelegenheit und nimmt einen kleinen Zettel aus seinem Hemd: „Liebe Kollegen, ich möchte gern meine Meinung zu unserem neuen Projekt sagen, da ich glaube, dass wir auf dem falschen Weg sind. Das Thema ist mir sehr wichtig und deswegen habe ich mir drei Kritikpunkte aufgeschrieben. Erstens ist die damalige Idee aus heutiger Sicht …“

27

Geben Sie sich Regeln

Vereinbaren Sie Spielregeln, wenn ein Streit immer wiederkommt oder es bei Problemen nicht mehr weitergeht.

Wenn Probleme ständig wiederkehren und im Streit oder in der Frustration enden, dann werden sie zu einem Dauerballast. Das bedeutet einen enormen Stressfaktor in unserem Leben: immer wieder derselbe Auslöser für einen Streit und immer wieder dasselbe typische Verhalten und immer wieder die gleiche Provokation.

Die meisten Menschen machen sich leider keine weiterführenden Gedanken und lassen sich jederzeit erneut auf das Problem ein. So kehrt es immer wieder und wird zum Dauerbrenner. Dabei liegt die Lösung sehr nahe! Wenn zwei streiten, sind auch beide beteiligt. Stoppen Sie die demotivierende Auseinandersetzung und vereinbaren Sie Spielregeln: Klären Sie, was passiert, wenn der unangenehme Fall des Streits eintritt. Im Gegenzug sollte der andere auch eine Spielregel aufstellen können. Wenn Sie Grundsätze für den Umgang miteinander aufgestellt haben, können Sie den Streit oder das Problem bereits im Keim ersticken. Sie können sich künftig sachlich auf die Absprache berufen. So wird der Dauerbrenner schnell und einfach zum Erliegen gebracht, da er offiziell besprochen wurde!

Beispiel: Sonja und ihr Freund Adam streiten regelmäßig über dieselbe Sache. Dabei werden sie wieder lauter: „Ich habe dir doch gesagt, dass ich es furchtbar finde, wenn du stundenlang vor dem Computer sitzt und wir nichts gemeinsam machen!“ Adam im Gegenzug: „… und ich hasse es eben, jeden Abend einen langen Spaziergang zu machen!“ Beide vereinbaren jetzt eine Regel: Er darf täglich vor dem PC sitzen, wenn beide zwei ausgiebige Spaziergänge pro Woche machen. Sollte jetzt einer gegen die Vereinbarung verstoßen, können sich beide auf die getroffene Absprache berufen. Eine kleine Spielregel mit großer Wirkung!

28

Schwächen Sie Ihre Aussage nicht ab

Entkräften Sie Ihre Sätze nicht durch Nachschübe wie „Vielleicht bringt das auch nichts“ oder „Keine Ahnung“.

Dieses Ziel können wir nur erreichen, wenn wir mindestens 100 Bestellungen pro Tag bekommen! Oder? Ich weiß ja auch nicht!“ Dieser Satz ist ein gutes Beispiel für eine klare Aussage, die leider mit dem Zusatz „Oder? Ich weiß ja auch nicht“ relativiert und damit deutlich entkräftet wird. In unserem Alltag entschärfen viele Menschen oft die unterschiedlichsten Aussagen aus Unsicherheit oder Unwissenheit – so wie im Beispiel. Wir machen es uns schnell zur Gewohnheit, so zu sprechen, wie es andere auch tun. Diese Eigenart sollten Sie von anderen nicht übernehmen.

Sie strahlen mehr Selbstbewusstsein aus und wirken sicherer, wenn Sie wichtige Aussagen nicht durch Nachschübe entkräften! Überlegen Sie sich genau, was Sie sagen: Vertreten Sie Ihren Standpunkt, machen Sie einen konkreten Vorschlag oder unterbreiten Sie eine gute Idee. Treffen Sie dabei immer eine klare Aussage, die Sie dann nicht mehr durch einen Nebensatz entschärfen. Indem Sie den Nachschub weglassen, werden Sie greifbarer und zeigen sich bewusst anders als viele andere. Mit diesem Verhalten tragen Sie aktiv dazu bei, in Gesprächsrunden schneller ans Ziel zu kommen.

Beispiel: Als Abteilungsleiter ist Herr Denzel für unproduktive Sitzungen bekannt. Als ein neues Projekt ansteht, ergreift er in der üblichen Runde wieder das Wort: „Diese Messe ist eine Chance, glaube ich. Wir können neue Kontakte knüpfen, zumindest ein paar wenige, wir können auch für unseren neuen Service werben. Wenn das möglich ist. Sonst nicht. Oder ist das alles nicht so einfach, was meinen Sie? Ich habe da nicht so viel Ahnung." Herr Denzel zeigt gute Ansätze, entkräftet aber jeden Punkt. So klingt es wesentlich besser: „Die Messe ist eine tolle Chance! Wir können neue Kontakte knüpfen, für unseren neuen Service werben etc. Was meinen Sie? Haben Sie weitere Ideen?"

29

Seien Sie so konkret wie möglich

Vermeiden Sie es, unpräzise Aussagen zu machen. Besser ist es, eine klare Ansage zu machen.

Wir leben in einer Gesellschaft, in der es immer weniger Zeit zu geben scheint. Die Termine häufen sich, ebenso die Verpflichtungen. Umso wichtiger ist es, sich nicht nur die Zeit besser einzuteilen, sondern Termine und Absprachen stets so konkret wie möglich zu fassen. Die meisten Menschen verabreden sich zwar, wählen dann aber mit Aussagen wie „Dann lass uns doch nächste Woche nochmal telefonieren" einen undankbaren Rahmen. Auch Teilnehmer von Sitzungen formulieren oft mit „Da sollten wir uns unbedingt in Kürze wieder zusammensetzen" ein Ziel, das eher vergessen wird, als dass es klare Aufgaben fixiert.
Seien Sie bei Verbindlichkeiten immer so konkret wie möglich! Klären Sie also nicht nur, ob Sie sich wieder treffen oder miteinander telefonieren, sondern sagen Sie

auch, wann und wie das stattfinden wird. Aussagen wie „bald", „nächste Woche" oder „in Kürze" sind zwar ein guter Anfang, reichen aber nicht aus. Wer mit anderen keine konkreten Vereinbarungen trifft, erhöht das Risiko zu scheitern. Nennen Sie bei Absprachen immer auch den Tag, und fixieren Sie je nach Möglichkeit auch eine verbindliche Zeit, die Sie dann auch im Terminkalender eintragen können.

Beispiel: Sven telefoniert mit einem Kunden und möchte einen neuen Telefontermin vereinbaren: „Prima, das freut uns, dass Sie sich für unser Angebot interessieren! Gern können wir kommende Woche telefonieren und die offenen Fragen klären. Rufen Sie mich an. Viele Grüße!" Sven ist begeistert, dass der potenzielle Kunde Interesse hat. Zwei Wochen später erinnert er sich, dass der Interessent nochmals anrufen wollte – aber es nicht getan hat. Sven ärgert sich. Besser wäre diese Terminvereinbarung gewesen: „Prima, dann rufen Sie mich nächste Woche spätestens Donnerstag an. Wenn ich nichts von Ihnen höre, probiere ich es Freitag bei Ihnen. Einverstanden? Sind Sie Freitagvormittag erreichbar?"

30

Bieten Sie Orientierung

Setzen Sie den Preis in Relation zu anderen Dingen. Skizzieren Sie Sparmöglichkeiten, vergleichen Sie Leistungen oder rechnen Sie um.

Den Preis eines Produkts oder einer Dienstleistung müssen Sie nennen. Je eher Sie ihn in Relation zu anderen Dingen setzen, desto eher entwickelt sich der Kunde zum Fürsprecher für ihn: Er übernimmt Ihre Vergleiche und sieht den Preis aus einer anderen Perspektive. Wenn Sie im Hinblick auf die dahinter stehende Leistung nur diese eine Kondition schildern, hat der Interessent kaum Vergleichsmöglichkeiten. So ist die Aussage: „Der Fernseher kostet 890 Euro“ zunächst sehr einseitig. Der potenzielle Kunde setzt die Leistung in einen direkten Vergleich zum Preis. Mehr Perspektiven werden ihm hier nicht geboten: Diese Leistung oder dieser Artikel kostet jenes Geld.

Wenn Sie Ihren Preis jedoch in Relation zu teureren Mitbewerbern oder vergleichbaren Produkten setzen, vergrößert sich der Horizont bereits deutlich. Gleiches gilt, wenn Sie die Summe sinnvoll umrechnen: Nennen Sie nicht nur die Monatspauschale, sondern beispielsweise auch, was die Dienstleistung oder das Produkt pro Tag kostet. Viele Unternehmen führen bei Jahresentgelten zum Beispiel oft einen kleineren Vergleichszeitraum, etwa das Quartal, an. Wenn es Ihnen dann noch gelingt, den heruntergerechneten Preis in Relation zu täglichen Konsumgütern zu setzen, zum Beispiel „Dafür bekommen Sie im Laden nicht mal zwei Äpfel“, haben Sie meist schon gewonnen. Entscheidend ist, dass Sie Konditionen so umrechnen, dass Ihr Kunde sie vergleichen kann.

Beispiel: Herr Antmann ist PC-Spezialist und hat in der Preisliste bisher immer eine vierteljährliche Wartungspauschale pro Kunde von 495 Euro angeführt. Er nimmt sich die Möglichkeiten einer Preisrelation sehr zu Herzen und ändert seine Argumentation: „Ich kümmere mich rund um die Uhr um Ihre PC-Probleme. Mit unserem Wartungsvertrag zahlen Sie einen Fixbetrag für den Full Service, jederzeit per Fernwartung. Diesen Service bieten wir bereits für knappe 6 Euro pro Tag, das ist weniger als Sie für den Versand eines einzigen Pakets bezahlen. Und Ihre Firma verschickt – wie Sie sagen – am Tag über 20 Sendungen …“

31 Entschärfen Sie geschickt verbale Attacken

Kontern Sie Angriffe ihres Gesprächspartners nicht einfach nur – stellen Sie Gegenfragen zur Konkretisierung.

Es ist ein seltener Idealfall, dass Gesprächspartner unterschiedliche Argumente oder Meinungen wertschätzend und vorurteilsfrei austauschen. Wesentlich öfter kommt es vor, dass ein gegnerischer Standpunkt zu einem verbalen Angriff wird: in Form einer Provokation („Meinst Du etwa schon wieder, dass ...“), als Unterstellung („Du gehst völlig falsch an die Sache ran ...“) oder zum Beispiel auch als Drohung („Wenn du auch bei diesem Projekt wieder nur ...“). Den kommunikativen Angriff eines anderen können wir zwar nicht vermeiden, wir können aber geschickter mit ihm umgehen.

Wenn jemand Sie künftig verbal angreift, empfiehlt sich ein kleiner, aber sehr wirkungsvoller Trick: Stellen Sie eine Gegenfrage und fordern Sie dazu auf, die Aussage zu konkretisieren. Oft verbirgt sich hinter der Attacke nur Unlust oder Unzufriedenheit. Statt einen Gegenangriff zu starten, können Sie mit einer konkreten Nachfrage oft schon einen Streit schlichten. Wer fragt, signalisiert auch immer Interesse. In den meisten Fällen werden Sie bereits durch das Nachhaken merken, dass hinter dem Angriff nicht wirklich viel steht.

Beispiel: Heinrich und Silvia streiten sich. Beide wollten das Wochenende genießen, doch Heinrich hat durch eine Kleinigkeit einen Angriff gestartet: „Wieso telefonierst du denn jetzt wieder so lange? Muss das sein?“ Silvia ist sauer: „Ach ja, ich soll keine halbe Stunde telefonieren, aber du darfst stundenlang vor dem PC sitzen …“. Heinrich könnte jetzt wieder kontern, die Stimmung würde sich weiter verschlechtern. Besser wäre es gewesen, wenn Silvia mit einer kleinen Frage zur Konkretisierung gearbeitet hätte: „Auf was möchtest du hinaus?“ Das Problem wäre schneller gelöst worden, weil Heinrich eigentlich etwas Gutes wollte – schneller gemeinsam in den Ausflug zu starten!

32

Echte Wertschätzung beginnt im Kopf

Sprechen Sie so über Ihre Mitmenschen,
wie Sie sich wünschen,
dass andere über Sie reden.

Aussagen über Kollegen oder Vorgesetzte lautet klassischerweise: „Dieser Typ regt mich auf, so ein Idiot, ich werde wahnsinnig, wie der schon geht, das packe ich nicht“ oder „Die Chefin ist eine Pfeife, hat keine Ahnung, diese dumme Kuh!“ Selbst wenn es gute Gründe für diese Aussagen gibt: Sprechen Sie über andere Menschen auf eine Weise, wie Sie selbst sich wünschen, dass diese über Sie reden! Auch wenn es schwerfällt, verkneifen Sie sich solch negativen Aussagen, denn damit können Sie nur verlieren!

Zum einen könnte die Person erfahren, dass Sie sich so über sie geäußert haben. Zum anderen speichert Ihr Unterbewusstsein parallel diese Informationen, und das birgt ein negatives Wirkungspotenzial: Aggression liegt in der Luft, Ihre Meinung überträgt sich auf Ihre Ausstrahlung und arbeitet gegen Sie! Im Zweifelsfall können Sie auch davon ausgehen, dass andere Sie mit Ihrer Aussage allein stehen lassen! Echte Wertschätzung beginnt im Kopf. Sie können andere in Ihrer Art nicht ändern, und mit „harschen“ Worten werden Sie selbst auch nur kurzfristig „glücklich“. Machen Sie es sich zum Standard, nicht so über andere zu sprechen, und erhöhen Sie langfristig Ihr Kommunikationsniveau! Zeigen Sie sich anders.

Beispiel: Bettina könnte ausflippen. Ihr engster Kollege Horst macht permanent Stimmung gegen den Chef und hetzt Kollegen auf. Angeblich hat er viel zu tun, ist aber der unproduktivste Mitarbeiter in der ganzen Abteilung. In einer Pause unterhält sich Bettina mit ihrer Assistentin und würde am liebsten mal wieder sehr kritisch loslegen. Aber sie denkt um und zeigt sich souverän: „Weil du Horst ansprichst: Ich könnte mich auch aufregen. Er hat die Rückendeckung vom Chef, verhält sich anders, als ich es tun würde, aber lass uns über etwas anderes reden. Wie war dein Wochenende? Ich war faul …“ Bettina zeigt Größe, sie steht über den Dingen und hat sehr geschickt reagiert.

33 Präsentieren Sie Ihre Persönlichkeit

Zeigen Sie sich bei Vorstellungsgesprächen oder Personalterminen einzigartig. Was unterscheidet Sie von allen anderen? Besonderheiten!

Machen Sie sich interessant, zeigen Sie sich anders als die anderen und betonen Sie in wichtigen Terminen Ihre Besonderheiten! Vom regelmäßigen Personaltermin über wichtige Gespräche mit dem Chef bis hin zum klassischen Vorstellungsgespräch: Nennen Sie, was Sie einmalig macht, etwas, das andere nicht anführen! Wenn Sie sich interessanter und einzigartig darstellen, erhalten Sie automatisch mehr Aufmerksamkeit. Es ist fast banal und einfach – nennen Sie Ihre Vorteile und Ihre Einstellungen, die andere mit hoher Wahrscheinlichkeit nicht erwähnen.

Die meisten Menschen versäumen die Chance, das Besondere an sich selbst herauszustellen. Wenn sie nach ihren Stärken oder besonderen Merkmalen gefragt werden, sagen sie das, was fast alle sagen: „Ich bin belastbar, teamfähig und arbeite gern auch länger." Sie können davon ausgehen, dass mindestens jeder Zweite diese Aussage formuliert und damit austauschbar wird. Einzigartig zu sein geht immer: Was bieten Sie, was kein anderer bietet? Was sagen Sie, was andere nicht sagen? Welche Kombination von Vorteilen bringen Sie mit, die Mitbewerber oder Kollegen nicht bieten können? Jeder von uns kann sich so darstellen, dass er im Vergleich interessanter und wirklich einmalig ist.

Beispiel: Johanna sucht eine Putzfrau. Sie lernt drei Bewerberinnen kennen, die alle interessant sind. Im Vorstellungsgespräch aber sind die Unterschiede erkennbar. Die erste Bewerberin sagt: „Ich putze gern bei Ihnen, ich verdiene mir damit mein Geld. Ich bin gründlich und fleißig!" Die zweite Anwärterin stellt sich vor: „Ich bin seit einem Jahr arbeitsuchend. Ich würde gern für Sie arbeiten. Ich mache das sehr gut, habe das öfter gemacht!" Johannas klare Favoritin ist die dritte Bewerberin: „Ich liebe es, zu putzen. Ich bin selbst sehr kritisch und sehe jeden Fussel. Putzen macht mich süchtig, macht mir großen Spaß. Es ist mein Leben, Ordnung zu machen!"

34

Formulieren Sie Wünsche

Vermeiden Sie es, Forderungen zu stellen. Wünsche werden gern erfüllt, Forderungen dagegen nicht.

Tauschen Sie Forderungen gegen Wünschen, wenn Sie an andere ein Anliegen haben, das Ihnen wichtig ist. In der Regel formulieren Menschen in ihrer Ehe oder Beziehung Forderungen, auch im Job ist es weitverbreitet, Bedingungen zu nennen. Hintergrund ist die Vermutung, dass es wahrscheinlicher zum gewünschten Verhalten kommt, wenn absolute und unmissverständliche Aussagen wie „Du musst an diesem Wochenende unbedingt …“ oder „Damit Sie in den Genuss von diesem Bonus kommen, müssen Sie nur …“ dazu auffordern. Meist ist das Gegenteil der Fall. Wenn wir die Wahl haben, ob wir einer Forderung nachkommen oder einen Wunsch erfüllen sollen, dann empfinden wir die zweite Variante als die deutlich angenehmere!

Eine Bedingung oder Forderung signalisiert etwas Negatives, das wir tun müssen oder sollen. Dagegen erfüllen wir deutlich lieber eine Bitte. Es bereitet uns Freude, uns auf den anderen einzulassen, ihn zu überraschen! Ein privater Wunsch oder der skizzierte Idealzustand eines Geschäftspartners oder Kollegen ist wesentlich leichter „zu erfüllen". Unsere Psychologie unterstützt uns hier regelrecht. Probieren Sie es aus, formulieren Sie Wünsche statt Forderungen, und beobachten Sie, wie Sie damit wesentlich schneller und häufiger das erreichen, was Sie sich wünschen.

Beispiel: Michael ist sehr feinfühlig und weiß sehr wohl, wie er seine Frau dazu bringen kann, etwas für ihn zu tun. Er hat es sich zum Standard gemacht hat, Wünsche statt Forderungen zu formulieren. Als er nach Hause kommt, ärgert er sich über den Müll, der immer noch in der Küche steht. „Schatz, ich habe einen Wunsch: Es sind wirklich nur Kleinigkeiten, die mich ärgern. Aber ich sehe gerade, dass unser Mülleimer überläuft. Ich bitte dich, künftig einfach den Müll runterzubringen, wenn er voll ist. Sollte dich das auch ärgern, sag es auch mir, wenn ich zu Hause bin und du unterwegs warst, o.k.?"

35

Fragen Sie

Wer fragt, der führt!
Bringen Sie sich bewusst
durch Fragen ein.

Wer fragt, steuert angenehme Dialoge, statt Monologe zu halten. Je abwechslungsreicher eine Unterhaltung ist, desto eher akzeptiert sie Ihr Gesprächspartner. Das gilt selbstverständlich auch für Vorträge, Präsentationen oder Zweiergespräche. Gerade dann, wenn es darum geht, Vorteile, Fakten oder Zusammenhänge darzustellen, ist es sehr wichtig, keine Monologe zu halten. Einseitige Kommunikation ist sehr riskant: Zwar glaubt der Redner, er könne seine Botschaft komprimiert rüberbringen, aber viele Zuhörer schalten gern ab, wenn sie selbst nicht auch die Möglichkeit haben, sich einzubringen.

Wer Fragen stellt, führt andere Menschen und sorgt zeitgleich auch immer für aufgelockerte Dialoge. Wenn Sie jemanden zum Beispiel nach seiner ersten Meinung zum skizzierten Projekt fragen, erhalten Sie durch seine Antwort womöglich weitere wichtige Ansatzpunkte für Ihre Argumentation. Die klassische Gesprächsführung über Fragen ist außerdem eine sehr gute Strategie, gezielt und gesteuert mit anderen Menschen zu kommunizieren.

Beispiel: Herr Baumann präsentiert in einer Sitzung eine seiner neuen Ideen. Die anwesenden acht Kolleginnen und Kollegen wissen, dass seine Präsentation rund 20 Minuten dauern wird. Herr Baumann skizziert die Grundidee, kündigt an, dass er gleich zwei Umsetzungsvorschläge erklären möchte, und fragt nach den ersten drei Minuten in die Runde: „Liebe Kollegen, bevor ich euch zwei konkrete Strategien skizziere – was muss eurer Meinung nach unbedingt passieren, damit wir schnell unsere Kundenbindung verbessern können? Nennt mir doch einfach kurze Schlagworte …“ Herr Baumann punktet in der Runde. Durch gezielte Fragen bindet er die anderen ein, schafft Interaktion und erhält wichtige Informationen. Die weiteren Teilnehmer der Runde wären ganz anders vorgegangen. Sie hätten (wie immer) einen 20-minütigen Monolog gehalten.

36
Versuchen Sie es nicht – tun Sie es

Sagen Sie nicht, dass Sie etwas versuchen wollen. Ein „Versuch" ist eine Art vorab entschuldigter Test, der nur selten klappt.

Die Frage, wie verbindlich Sie kommunizieren, entscheidet maßgeblich darüber, welche Erfolgswahrscheinlichkeit hinter Ihrer Aussage steht: Sagen Sie nicht: „Klar, das versuche ich" oder „Ich probiere es aus, bin mir aber nicht sicher, ob es klappt". Der letzte Satz ist nicht nur schwammig formuliert, er legt auch schon beinahe verbindlich das Ergebnis fest. Wer etwas nur versucht, entschuldigt sich vorab bereits für ein mögliches Versagen und bereitet sich innerlich auch darauf vor. „Ich habe ja gesagt, dass ich es versuche, das war nicht einfach und es hat dann in der Tat leider nicht funktioniert", so lautet meist die Entschuldigung.

Das Risiko zu scheitern besteht bei jeder Tat, jedem Vorsatz und jeder Herausforderung. Das ist nicht schlimm! Jedes Ausprobieren bringt auch die Unsicherheit mit sich, dass es zu einem negativen Ergebnis kommt. Je mehr Sie diese Möglichkeit gedanklich berücksichtigen bzw. je mehr Sie sie verbalisieren, desto näher bringen Sie sich an den Misserfolg. Sorgen Sie lieber für bestmögliche Startbedingungen und kommunizieren Sie selbstbewusster! Sagen Sie, dass Sie etwas tun werden, richten Sie Ihren Blick auf den möglichen Erfolg und erhöhen Sie damit auch die Wahrscheinlichkeit, dass Ihr Vorhaben auch tatsächlich klappt.

Beispiel: Sie sind in einer Besprechung. Ihr Vorgesetzter fragt Sie, ob Sie sich vorstellen könnten, erstmals ein Projekt eigenverantwortlich und innerhalb einer Woche umzusetzen. Zunächst hören Sie Ihre innere Stimme, die Ihnen skeptische Rückmeldung gibt: Vergleichbare Projekte haben in der Vergangenheit leider nicht geklappt, und Sie sind sich nicht sicher, ob es diesmal funktioniert. Zeigen Sie sich trotzdem zuversichtlich: „Ja, ich mache das. Es wird nicht einfach, aber ich glaube an das Projekt. Ich schlage vor, dass ich gleich heute …“ Hätten Sie mehr Zweifel gezeigt, hätte dies an der Herausforderung erst einmal nichts geändert – an Ihrer Zuversicht und der Erfolgsaussicht allerdings schon.

37

Verallgemeinern Sie nicht

Allgemeine Aussagen lassen sich schnell widerlegen und sorgen dann für Ärger.

Besonders engagierte Diskutanten oder aber hochnäsige Kollegen arbeiten immer wieder mit Verallgemeinerungen: „Jeder weiß doch, dass …“ Dahinter steht meist der Wunsch, Sachverhalte besonders groß darzustellen oder Argumente zu nennen, die alle anderen Aspekte verblassen lassen. Hören Sie als Zuhörer genau hin, und arbeiten Sie selbst in Ihren Aussagen künftig nicht mehr mit Verallgemeinerungen. Denn solche Aussagen sind schnell zu widerlegen und lassen den Sprecher oft als „Stimmungsmacher“ auffliegen. Nur in den seltensten Fällen sind Verallgemeinerungen ein gutes Mittel. Meist stellen sie übertriebene Vergleiche dar, die keine Gültigkeit mehr haben oder korrigiert werden müssen, sobald sie hinterfragt werden.

In der Regel benutzen Menschen Verallgemeinerungen dann, wenn sie sich mit jemandem streiten oder es in verfahrenen Situationen nicht mehr weitergeht. Die verallgemeinernde Sicht der Dinge ist jedoch meist nur eine kontraproduktive Masche: „Es ist doch allen bekannt, dass …“ oder „Keiner hat jemals …“ sind klassische Beispiele dafür. Wenn Sie betonen möchten, dass Ihre Aussage besonders relevant ist, formulieren Sie sie besser konkreter – so machen Sie sich nicht angreifbar. Besser als Verallgemeinerungen sind zum Beispiel Aussagen wie „Neun von zehn Menschen sind der Meinung, dass …“ oder „Ich kenne fast nur Kollegen, die das anders sehen“. Das Problem liegt im Detail! Zwischen „allen“ und „99 Prozent“ liegt nun mal ein kleiner, aber feiner Unterschied!

Beispiel: Heidi ist sehr aufgebracht. Sie führt ein klärendes Gespräch mit ihrer Kollegin und könnte ausflippen. Ihre Kollegin steht nicht zu ihrem Wort und verärgert sie immer wieder. Trotz ihrer Aufregung überlegt sich Heidi genau, was sie sagt: „Ich kenne nur wenige Menschen, die das tun. Das ärgert mich! Mache es doch so …“ Heidi hat bewusst die Pauschalierung „Niemand auf dieser Welt würde …“ vermieden, weil sie sich damit angreifbar gemacht hätte.

38
Arbeiten Sie an Ihrer Einstellung

Achten Sie auf Ihre Gedanken, denn sie bestimmen Ihr Leben: Ihr Handeln, Ihre Ausstrahlung, Ihre Sprache, Ihre Inhalte etc.

Gute Kommunikation beginnt im Kopf und ist damit ein Ergebnis Ihrer Gedanken. Welche Einstellung Sie zu einem wichtigen Gespräch oder einer entscheidenden Präsentation haben, bildet den Nährboden für Ihren verbalen „Rückenwind“ sowie Ihre nonverbale Wirkung. Negative Gedanken wie „Das Gespräch wird nicht gut laufen“ oder „Ich sehe mich bei dem Vortrag schon wieder rot anlaufen“ sind innere Impulse, die gegen Sie arbeiten. Sie werden nur selten jemanden treffen, der über ein Vorhaben permanent pessimistisch nachgedacht und es dann trotzdem wirklich souverän gemeistert hat. Im Gegenteil: Solche Gedanken führen nur zu einer aggressiven Kommunikation und zu einer Ausstrahlung, die alles andere als positiv sind.

Dienliche Gedanken, so können wir es zusammenfassen, sind zuversichtlich, nach vorn gerichtet und sehen die Chancen in einer Herausforderung. Es mag banal klingen, aber eine erfolgreiche Kommunikation hängt sehr stark davon ab, welche Überlegungen und Einstellung Sie im Vorfeld haben. Das geht in Bruchteilen von Sekunden: Ihre Gedanken werden zu Gefühlen, und Ihre Gefühle arbeiten für oder gegen Sie. Trauen Sie sich mehr zu und entwickeln Sie mehr Freude an Vorträgen und Diskussionen. Was in Ihnen ist, werden Sie unweigerlich ausstrahlen.

Beispiel: Bei Norbert läuft seit Tagen alles schief. Nach einem unglücklichen Vorstellungsgespräch kam die Absage, mit seiner Freundin streitet er täglich und auf seine Arbeit hat er auch nicht mehr wirklich Lust. Seine Gedanken zum Wochenende sind: „Das wird stressig, viel zu viel Programm, keine Lust auf die Familienfeier, kaum Vorbereitungszeit für die Präsentation am Montag.“ Das ist ein schlechter Nährboden. Norbert denkt negativ und fühlt sich schlecht. Norbert sollte umdenken: „Die letzten Tage waren schlecht, jetzt geht es bergauf. Ich nutze das Wochenende, um nette Gespräche zu führen, und nehme mir Zeit, meine Präsentation gut vorzubereiten.“

39 Kommunizieren Sie Chancen und Vorteile

Profis sprechen nicht von Problemen oder Risiken. Sie skizzieren die darin liegende Chance, arbeiten am Nutzen oder suchen Vorteile.

Ein Glas ist halb voll oder halb leer. Das ist – wie fast alles – reine Einstellungssache. Wir können in jeder Situation nach den Problemen suchen und diese stundenlang thematisieren. Dieses Vorgehen beschäftigt sich sehr intensiv mit der Vergangenheit – das ist meist die Sicht, die sich auf die Schwierigkeiten konzentriert. Andere Menschen haben ihre Sicht auf die Dinge geändert und erkennen in jedem Risiko eine Chance oder versuchen, bei einer Niederlage das Potenzial der Zukunft zu erkennen. Wenn etwas nicht so funktioniert, wie wir es uns wünschen, können wir es oft nicht wirklich ändern.

Die Chance liegt jedoch darin, welche Einstellung wir dazu entwickeln.

Egal, was Ihnen passiert und unabhängig davon, welchem Problem Sie sich aktuell stellen müssen – die Tatsache, dass etwas nicht so läuft, wie Sie es sich wünschen, können Sie spontan meist nicht ändern. Aber Sie haben die Chance, Ihre Einstellung dazu sehr schnell zu korrigieren. Denken Sie positiv, damit formulieren Sie auch besser: Sprechen Sie nicht lange über das Problem, sondern reden Sie über die Chancen, die darin verborgen sind. Wer besser kommuniziert, hebt das Gute und die möglichen Vorteile eines Misserfolgs hervor. Sie werden staunen, wie schnell die positive Sicht der Dinge auch ansteckend wirkt.

Beispiel: Herr Webmoser ist Abteilungsleiter und hat die undankbare Aufgabe, in einer Sitzung seinen Mitarbeitern die stark sinkenden Umsatzzahlen mitzuteilen. Er könnte nun sagen, dass alles schrecklich ist, die Perspektiven schlecht sind und die letzten Monate katastrophal waren. Er entscheidet sich für das Skizzieren der Chance: „Liebe Kollegen, unsere Umsätze sind schlecht und bis heute sieht es nicht gut aus. Ich möchte Sie jedoch bitten, ab morgen mit mir wieder für eine bessere Zukunft zu sorgen. Dieses Tief bietet uns eine Chance: Wir verbessern unsere Angebote, führen neue Serviceleistungen ein und brauchen neue Ideen. Ich wünsche mir, dass jeder von Ihnen künftig …"

40

Sprechen Sie in Bildern

Nutzen Sie eine plastische Sprache. Formulieren Sie Bilder, die das Gesagte spannender, schöner und für den Zuhörer nachvollziehbar machen.

Im Laufe unseres Lebens speichern wir Erlebtes oder Gesehenes in aussagekräftigen Bildern ab. Nutzen Sie diesen Speicher bei Ihren Zuhörern zu Ihrem Vorteil, und formulieren Sie wirkungsstarke Bilder, die andere während Ihres Vortrags abrufen können! Voraussetzung dafür ist, dass ein passendes Bild abgespeichert wurde: durch ein persönliches Erlebnis, ein Foto oder zum Beispiel durch einen Spielfilm. Auch der Spruch „Ein Bild sagt mehr als tausend Worte" ist auf diese Gesetzmäßigkeit gemünzt. Wenn jemand bildhaft zu uns spricht, rufen wir das entsprechende „innere Foto" ab. So entsteht ein starker Bezug zur Aussage.

Mit einer bildhaften Sprache kommunizieren Sie gezielt emotionaler und verdeutlichen das, was Sie sagen, durch das gedankliche Bild des Zuhörers. Dabei können wir grob zwischen schönen und weniger schönen Bildern unterscheiden. „Das kennen Sie bestimmt auch, wenn Sie beim Zahnarzt auf dem Stuhl liegen und der Bohrer mit einem hellen Surren anläuft." Diese Aussage erzeugt ein klassisch negatives Bild. „Der herrliche Sonnenaufgang am Strand, wenn die Wellen sanft im Sand enden" ist hingegen ein angenehmes Bild. Wenn Sie bewusst nachhaltiger kommunizieren möchten, skizzieren Sie Bilder! Beschreiben Sie einen Zustand detailliert, und erreichen Sie damit Ihre Zuhörer auf emotionaler Ebene! Redner, die mit dieser Strategie arbeiten, werden in der Regel als besonders „angenehm" oder „wirkungsstark" gelobt.

Beispiel: Frau Ostkeller benutzt die bildhafte Sprache, um ihre engste Kollegin für einen arbeitsreichen Nachmittag anzuspornen: „Pass mal auf, ich habe eine Idee! Wenn wir die Buchhaltung heute zügig fertig bekommen, das schaffen wir auch in zwei Stunden, dann belohnen wir uns in der Sonne! Jetzt ist es gleich zwei Uhr. Ich sehe uns um vier vorn beim Italiener auf der Terrasse sitzen und gemütlich zwei Eiskaffee trinken. Dieser leichte Wind und dann mit der Sonnenbrille in den Himmel sehen …"

41 Laden Sie Ihre Zuhörer ins Thema ein

Eine gute Einleitung
nennt das Thema
und bietet bereits eine Grobgliederung
als Service für die Zuhörer:
Aufbau, Zeitrahmen und Ziele …

Punkten Sie bei Ihrem Publikum künftig mit einem Anspruch, der noch nicht wirklich weitverbreitet ist: mit sprachlichem Servicedenken! Denn die Akzeptanz von Botschaften hängt nicht nur vom Inhalt ab, auch der skizzierte Rahmen entscheidet sehr stark darüber, ob das Gesagte den oder die Zuhörer bestmöglich erreicht. Bieten Sie Ihren Zuhörern selbst bei kurzen Argumentationen oder einer Minipräsentation mehr Struktur: Nennen Sie grob den Aufbau Ihres Vortrags, die Eckdaten, wie viel Zeit Sie benötigen werden, oder auch, welches Ziel Sie erreichen möchten.

Je offensiver Sie Ihrem Publikum (und sei es auch nur eine einzige Person) die Möglichkeiten bieten, das Gesagte einzuordnen, desto angenehmer werden die Zuhörer Sie als Redner empfinden. Ebenso erhöht sich die Wahrscheinlichkeit, dass Ihre Kommunikation erfolgreich sein wird. Denken Sie einfach an sich selbst: Wer ohne Punkt und Komma und ohne ein absehbares Ende von einem Thema zum nächsten wechselt, wird Sie schnell nerven. Dann schalten Sie ab und verpassen womöglich wichtige Inhalte. Kaum ein Gespräch ist zu kurz, als dass Sie es nicht mit sprachlichem Servicedenken aufwerten könnten. Struktur bietet Orientierung und hilft, mehr zu erreichen.

Beispiel: Bianca ist ein großer Fan des sprachlichen Servicedenkens geworden. Sie hat den oben genannten Tipp bekommen und arbeitet mittlerweile in jeder wichtigen Situation damit. Ihr Motto: Keine Gesprächsrunde ohne Struktur! Neulich im Büro sagt sie zu ihren Kollegen: „Schön, dass ihr fünf Minuten Zeit habt, euch meine Idee anzuhören. Ich möchte kurz sagen, was der Grund für meine Überlegungen war, welche Alternativen ich getestet habe und warum diese Idee mein klarer Favorit ist. Im Anschluss können wir gern auch noch darüber reden. Also, warum habe ich nach dieser neuen Idee gesucht? Ich war am Wochenende ...“ Biancas Umfeld schätzt sie sehr für ihre „neue“ Art. Irgendwie macht das Zuhören bei ihr auch mehr Spaß.

42

Gute Vorbereitung ist alles

Fast jeder Gesprächsverlauf ist absehbar.
Welche Fragen werden
die Zuhörer wohl stellen?
Was wären gute Antworten?

Gute Vorbereitung ist das A und O. Das ist eine Lebensweisheit – die wir aber in unserer Kommunikation immer wieder vernachlässigen. Je besser und intensiver Sie sich präparieren, desto wahrscheinlicher ist es, dass Ihr Gespräch zum Erfolg wird. Nahezu jede Unterhaltung oder jede absehbare Argumentation können Sie vorbereiten. Dabei kommt es nicht darauf an, alle Eventualitäten und jedes Detail zu berücksichtigen. Entscheidender ist es, Richtungen, Aspekte oder Themen vorherzusehen und die Unterhaltung gedanklich im Vorfeld durchzuspielen.

Wer sich die Zeit nimmt und wichtige Gespräche oder Auseinandersetzungen vorher durchspielt, erweitert sein Spektrum an Schlagfertigkeit und Souveränität spürbar. Probieren Sie es aus! Vorbereitung gibt nicht nur ein gutes Gefühl, sie ist auch eine Art „stummes Kommunikationstraining“. Wenn Sie sich immer wieder in andere hineinversetzen und überlegen, was Ihr Gegenüber alles ansprechen oder hinterfragen könnte, werden Sie feinfühliger und trainierter. Es reicht, wenn Sie nur fünf Minuten investieren und künftig bei wichtigen Terminen vorab überlegen, was passieren könnte: Welche Argumente wird Ihr Gesprächspartner wohl nennen? Welche Gründe hat er dafür? Wie kam es dazu? Was können Sie tun?

Beispiel: Thomas hat am Nachmittag ein Gespräch mit seinem Chef. Er weiß, dass es um eine mögliche Vertragsverlängerung geht. Ihm ist der Termin sehr wichtig, darum spielt er den Termin nach bestem Wissen und Gewissen gedanklich durch: „Er wird mich bestimmt fragen, wie es mir im Job gefällt, welche Ziele ich habe und was mir am meisten Spaß macht. Er will sicher auch wissen, wie ich mich selbst einschätze, welche Schwächen ich an mir sehe und was ich in fünf Jahren erreicht haben möchte.“ Thomas beantwortet sich jeweils still die Fragen, die er sich ausgedacht hat. Das erweist sich als ideale Vorbereitung.

43

Sagen Sie, wen Sie meinen

„Man-Sätze“ sind unprofessionell
und meist unüberlegt.
„Man“ ist unkonkret und
nicht motivierend.

Je verbindlicher Sie kommunizieren, desto eher erfolgt die Umsetzung Ihrer Vorhaben. Das unbestimmte Pronomen „man“ ist fester Bestandteil unserer Sprache und leider oft der Grund, dass sich niemand betroffen und zuständig fühlt. Mit „man“ fühlen wir uns einfach nicht angesprochen „Man müsste mal wieder aufräumen“, „Man kommt kaum dazu, etwas zu tun“ oder „Man kümmert sich darum, dass etwas weitergeht“. Jede „Man-Botschaft“ lässt sich direkter und damit besser formulieren! Im Idealfall streichen Sie das „man“ komplett aus Ihrem Wortschatz. Das, was Sie sagen möchten, können Sie auch immer direkt formulieren. Tauschen Sie das „man“ gegen ein „Ich, Du, Sie, Wir …“

So steigern Sie schnell und einfach Ihr Kommunikationsniveau. Sie wirken klarer, formulieren aktivierender und sorgen ganz klar für notwendige Zuständigkeiten! Es ist erstaunlich, wie oft und wie unüberlegt „Man-Aussagen“ zu hören sind. Selbst Führungskräfte in Chefetagen halten fest, dass „man endlich eine Lösung für das Problem braucht“ oder „man in der Firma zum Jahreswechsel einiges ändern wird“. Machen Sie es sich ab sofort zum Standard, diese Aussagen in die Vergangenheit zu verbannen! Sollten andere in Ihrer Anwesenheit „Man-Botschaften“ formulieren, dann fragen Sie nach! Wer ist „man“?

Beispiel: Herbert nimmt diesen Tipp ernst und setzt ihn schon seit einigen Jahren ebenso konsequent wie feinfühlig um. Der Anfang war schwer, heute ist es für ihn ein automatischer Prozess, „Man-Aussagen“ zu vermeiden und zu hinterfragen. Früher sagte er seinem Auszubildenden: „Eine tolle Idee, die man noch in diesem Jahr angehen sollte“. Heute sagt er: „Danke für die sehr gute Idee, erinnere mich bitte nach meinem Urlaub daran!“ Auch ein alter Klassiker: „Die Zahlen sind schlecht. Man müsste mal nachsehen, wie das vor zwei Jahren war.“ Herbert macht das heute anders: „Das sind alarmierende Zahlen. Ich sehe selbst bis Ende der Woche nach, wie das vor zwei Jahren war!“

44

Machen Sie sich bei Telefonaten Notizen

Schreiben Sie bei wichtigen Gesprächen oder Telefonaten immer mit. Dadurch können Sie sich auch später gut auf das Gesagte berufen!

Notieren Sie bei direkten oder telefonischen Gesprächen die wichtigsten Eckdaten in Stichpunkten. Das ist zwar banal, die meisten Menschen berücksichtigen dies aber im Alltag nicht. Halten Sie in Ihren Notizen nicht nur relevante Ergebnisse fest, sondern auch besondere Kleinigkeiten und persönliche Dinge. In nahezu jedem Gespräch, auch wenn es auf den ersten Blick zum Beispiel ein rein geschäftliches Telefonat ist, erfahren wir auch private Dinge, die uns künftig sehr dienlich sein können. Die klassische Small-Talk-Phase zu Beginn eines Treffens ist hierfür besonders relevant.

Je genauer und vor allem bewusster Sie zuhören, desto mehr Details werden Ihnen künftig auffallen: geschäftliche Bedingungen, konkrete Zahlen, die Vorgeschichte oder auch finanzielle Wünsche. Um eine intensive und emotionale Bindung zu Ihren Gesprächspartnern aufzubauen, ist gerade auch bei Businesstelefonaten Persönliches wichtig: Welche aktuellen Sorgen hat der andere? Welche Erfolgserlebnisse? Gibt er Informationen über sein Privatleben preis? Wie ist seine Meinung zu bestimmten Entwicklungen? Je mehr Sie notieren und zum Beispiel im PC festhalten, desto besser können Sie im nächsten Gespräch punkten. Sprechen Sie künftig Aspekte an, die Ihr Gegenüber über sich erzählt hat, und überraschen Sie ihn mit privaten Details! Es ist erstaunlich, wie angenehm wir als interessierter Partner in so einem Fall aus der Masse herausragen!

Beispiel: Weil die aktuellen Prospekte zum Versand anstehen, ruft Frau Heimer bei einem Kunden an, mit dem sie neulich bereits gesprochen hatte. Nun möchte sie den Kunden nicht nur vorab kurz über die bevorstehende Sendung informieren, sie nutzt das Telefonat, um mit ihren Notizen zu punkten: „Hallo Herr Foller, hier ist Frau Heimer von der Musterfirma. Na, wie wohnt es sich jetzt an der Ostsee?“ Herr Foller ist beeindruckt, da sich Frau Heimer offensichtlich an seinen Umzug erinnert, er hatte davon erzählt. Frau Heimer: „Ich weiß, dass Ihnen eine kurze Lieferzeit sehr wichtig ist. In unserem neuen Prospekt …“

45

Sprechen Sie frei

Die freie Rede ist immer authentisch. Grundvoraussetzung für eine natürliche Sprache ist aber, die Texte nicht abzulesen.

Wenn wir unseren Text komplett ausformulieren, dann sind wir bei unserer Rede oder Präsentation auf der sicheren Seite. Das ist ein sicherheitsorientierter – und falscher – Glauben. Als Argumente dafür sind immer wieder zu hören: So könne der Sprecher nichts vergessen, in Ruhe an schönen Formulierungen arbeiten und schon mal im Vorfeld einen Kollegen Korrektur lesen lassen. All diese Vorteile für das Vorab-Ausformulieren sind richtig, es gibt nur einen entscheidenden Nachteil: Wenn Sie den Text ablesen, verlieren Sie das gewisse Etwas, das Sie brauchen, um Ihre Zuhörer zu begeistern.

Vorgelesenes wirkt oft unglaubwürdig, künstlich und langweilig. Ein wirklich guter Redner punktet damit, dass er frei und kreativ redet und sich dabei nur an Spikkzetteln orientiert. Diesen entscheidenden Vorteil der Authentizität können Sie mit einer ausformulierten Rede nie erreichen. Wie wäre es denn, wenn Ihr Partner von einem Zettel abliest, wie sehr er Sie liebt? Die Sicherheit beim freien Reden kommt mit der Routine. Üben Sie und stellen Sie sich regelmäßig der Herausforderung, frei und mit Stichpunkten zu sprechen. Dieser Weg mag kurzfristig der unangenehmere sein, langfristig ist er der einzige, der Sie zum wirklich erfahrenen und guten Redner macht!

Beispiel: In der Musterfirma ist Weihnachtsfeier. Der Geschäftsführer ist bereits dafür bekannt, dass er in einer etwa halbstündigen Rede das zurückliegende Jahr skizziert, aktuelle Themen beschreibt und einige Mitarbeiter ehrt. Kurz bevor es losgeht, wird an einem Tisch getuschelt: „Oh, Herr Kolber wird bestimmt wieder alles ablesen. Das macht er jedes Jahr. Wie peinlich, jemand wie er sollte doch frei sprechen können. Und wenn er dann wieder die Kollegen und Kolleginnen lobt, dann wirkt das immer so künstlich und alles andere als ehrlich.“ Der Kollege meint: „Wenn unser Geschäftsführer frei sprechen würde, nähme ihm keiner einen Hänger oder Versprecher wirklich übel. Das ist doch menschlich. Echt schade.“

46
Suchen Sie Halt

Haben Sie in einer ungewohnten Situation ein hohes Sicherheitsbedürfnis? Lehnen Sie Ihren Rücken bewusst an, das schafft Sicherheit.

Es ist vollkommen normal, dass wir bei wichtigen Gesprächen aufgeregt sind und unterbewusst ein erhöhtes Sicherheitsbedürfnis haben. Dieses Unsicherheitsgefühl beschleicht uns immer dann, wenn wir es mit „besonderen“ Situationen zu tun haben, die nicht routiniert und täglich stattfinden: ein Vorstellungsgespräch, ein kritischer Austausch mit dem Chef oder ein unangenehmes Gespräch mit einem Kollegen.

In einer solchen Lage sollten Sie jede Kleinigkeit nutzen, die Sie sicherer macht. Eine wichtige Stütze erfahren wir bereits, wenn wir den Rücken bewusst an die Stuhllehne anlehnen. Dahinter stehen die tief in uns verborgenen Instinkte aus jener Zeit, zu der wir noch Jäger und Sammler waren. Wenn hinter unserem Rücken theoretisch eine Gefahr lauert, reagieren wir verunsichert.

Denn von hinten kam für unsere Vorfahren, wenn sie in freier Wildbahn auf der Suche nach Nahrung waren, meist der Angriff: ein Speer, ein Steinwurf oder ein Bär, der sich heimlich anschleichen konnte. Damit war alles, was hinter unserem Rücken passierte, eine potenzielle Gefahrenquelle. Im Umkehrschluss bedeutet das: Alles, was hinter unserem Rücken definitiv nicht passieren kann, stärkt uns und macht uns sicherer. Wenn wir die Lehne eines Stuhls bewusst wahrnehmen, dann bietet uns dies Sicherheit, denn dann signalisiert unser Unterbewusstsein: „Keine Gefahr“. Die Lehne ist zwar keine Garantie für ein sorgenfreies Gespräch, aber sie gibt uns ein besseres Gefühl und ist eine einfache Möglichkeit, unsere inneren Ängste zu schmälern.

Beispiel: Sabine sitzt im Büro Ihres Chefs und muss sich für einen versäumten Abgabetermin verantworten. Auch wenn es inhaltlich nichts an ihrem Fehler ändert, drückt sie ihren Rücken ganz bewusst an die Lehne des Stuhls an. Sie tankt Kraft und weiß, dass ihr diese Haltung Sicherheit gibt.

47 Formulieren Sie positive Botschaften

Vermeiden Sie negative Aussagen. Sie erzeugen ein schlechtes Gefühl, selbst wenn sie gut gemeint sind.

Sehr oft artikulieren Menschen gut gemeinte Botschaften mit negativen Formulierungen. Damit bekommen diese einen unterbewusst unangenehmen Beigeschmack, der unproduktiv ist und auch nicht sein muss. Denn nahezu jede Botschaft lässt sich positiv formulieren! Das ist besonders wichtig, wenn die Aussage ohnehin gut gemeint ist. „Dein Vorschlag klingt nicht schlecht“ ist ein Klassiker unseres Alltags. So entsteht eine Negativinformation, bei der die Worte „schlecht sein“ mitschwingen. Solche Botschaften sind weit verbreitet und werden oft unbewusst formuliert, denn jedermann nimmt sie als üblich und gegeben hin.

Um die oben genannte Rückmeldung positiv zu wenden, ist zum Beispiel eine Formulierung wie „Dein Vorschlag klingt gut!“ geeignet. Der Inhalt ist gleich, aber wesentlich positiver ausgedrückt. Entscheidend ist in diesem Zusammenhang unser Unterbewusstsein. Es nimmt permanent Informationen auf und sorgt für ein kleines, aber spürbares Unwohlsein, wenn Negativformulierungen in einer höheren Intensität auftreten. Diesen Prozess können Sie in Ihrem Zuhörer jederzeit steuern, indem Sie gut gemeinte Botschaften auch positiv formulieren. Sie werden erstaunt sein, wie oft Sie oder Ihr Umfeld diesen kleinen „Fehler“ machen und damit Punkte verschenken.

Beispiel: Stefan gibt seiner Kollegin eine kurze Rückmeldung, da sie noch einmal über die Präsentation der letzten Woche sprechen wollten: „Kerstin, ehrlich gesagt muss ich dir noch einen kleinen Dämpfer verpassen. Deine Präsentation war nicht langweilig, aber der Beginn war wirklich komisch …“ Stefan meint es an sich gut mit Kerstin, die er sehr schätzt. Das, was er hier gesagt hat, war wieder einmal gut gemeint, aber negativ formuliert. Hier die positive Variante, mit der sie garantiert besser leben kann: „Kerstin, deine Präsentation war spannend. Eine Kleinigkeit, die du besser kannst – der Anfang war zu lang! Mach doch …“

48

Starten Sie geschickt in Ihre Rede

Negativer Einstieg, Entschuldigungen zu Beginn oder lange Schachtelsätze - das sollten Sie auf jeden Fall vermeiden!

Wir sind Weltmeister darin, andere in eine „Schublade zu stecken“. Innerhalb der ersten Sekunden bilden wir uns ein Urteil über andere – egal, ob wir jemanden zufällig privat kennen lernen, jemandem beruflich vorgestellt werden oder einen Redner beurteilen. In kürzester Zeit haben wir uns eine Meinung gebildet, die dann meist als positiver oder negativer Filter tief in uns steckt. Der erste Eindruck ist entscheidend. Daher ist es besonders wichtig, wie wir unsere Präsentation oder Rede inhaltlich beginnen. Planen Sie also einen spannenden, angenehmen oder kreativen Einstieg.

Wer negative Botschaften sendet oder gleich zu Beginn Probleme anspricht, sammelt im Unterbewusstsein schnell Minuspunkte. Wenn Sie immer wieder vor dem gleichen Publikum sprechen, arbeiten Sie mit Ihren Botschaften permanent für oder gegen Ihr besseres Image. Jeder Beginn einer Stellungnahme gibt uns eine neue Möglichkeit der Positionierung. Damit haben wir es zu einem wichtigen Teil selbst in der Hand, welche Meinung sich andere über uns bilden. Verzichten Sie auf negative Formulierungen jeglicher Art, und schaffen Sie sich eine positive Basis. Ein freundlicher und bestimmter Beginn ist allemal besser als eine Entschuldigung oder der Hinweis auf ein Problem.

Beispiel: Sonja ist es leid. In ihrer Firma beginnen die Kollegen offensichtlich unwissend immer wieder mit negativen Botschaften: „Tut mir leid, dass ich etwas zu spät gekommen bin“, „Ich kann Ihnen eine schlechte Nachricht vorab leider nicht ersparen“ oder „Bevor ich beginne, möchte ich noch kritisieren, dass …“ sind die typischen ersten Worte ihrer Kolleginnen und Kollegen. Sonja merkt, dass sie sich so erst gar nicht wirklich auf eine Präsentation freuen kann. Heute ist sie dran und startet gezielt anders: „Ich freue mich, dass wir heute alle vollzählig sind, denn ich habe ein spannendes Konzept entwickelt!“

49

Trainieren Sie regelmäßig

Reden lernen wir nur durch Reden.
Üben Sie lieber mit Fehlern, bevor Sie gar nicht üben und auf die perfekte Chance warten.

Konsequenz ist oft der Unterschied zwischen Menschen, die sich schnell weiterentwickeln, und Menschen, die das nicht tun. Viele „drücken“ sich vor den Trainingsmöglichkeiten, die der Alltag bietet, und warten lieber ab, bis eine vermeintlich „bessere“ Chance kommt. Genau das ist der Punkt! Schieben Sie Ihr rhetorisches Training nie auf! Überall und fast jederzeit bietet sich die Gelegenheit, Erfahrungen zu sammeln: die freiwillige Zusammenfassung im Seminar, die spontane Präsentation eines Themas oder auch eine kleine Rede in privater Runde. Nicht die perfekte Chance macht Sie besser, sondern das permanente Ausprobieren.

Dabei ist es normal und auch notwendig, Fehler zu machen. Probieren Sie alles aus, reden Sie sich von Tag zu Tag besser und reflektieren Sie Ihre Erfahrungen. Machen Sie dabei ruhig immer wieder Fehler! Kein Training wird Sie schlechter machen! Entscheidend ist, was Sie daraus machen und lernen. Misserfolge in der Kommunikation sind großartige Möglichkeiten, um nach einer kurzen Analyse festzuhalten, was Sie künftig besser machen können. Wissen allein reicht nicht aus, wirklich gutes Reden lernen Sie nur durch tägliches und kontrolliertes Training.

Beispiel: Melanie und Kerstin sind sehr unterschiedlich denkende Menschen. Trotzdem sind sie beste Freundinnen geworden. In ihrem gemeinsamen Volkshochschulkurs wurde die Frage gestellt, wer denn freiwillig einen Kurzvortrag halten möchte. Für Melanie kommt das nicht in Frage: „Nein, da bin ich nicht fit, und heute möchte ich das nicht trainieren. Da mache ich mal wieder ein passendes Seminar! Mach du das, du kannst das prima!“ Kerstin lächelt: „Melanie, genau das ist dein Problem. Ich war früher wie du, dann habe ich mich einfach immer für alles gemeldet. Und weil ich schon so viel präsentiert habe, bin ich heute auch ganz gut. Denk mal drüber nach!“

Mustergeschichte 2

Stefanie ist 37 Jahre alt und wohnt in einem Vorort von München. Sie arbeitet in einer Versicherung und kümmert sich dort um die Auftragsbearbeitung. Einen Tag pro Woche hilft sie auch im Kundenservice aus. Heute ist einer dieser Tage. Es ist 06:40 Uhr, ihr Wecker klingelt. Ihr Freund ist schon wach.

„Guten Morgen, mein Schatz! Du bist ja schon startklar. Mensch, heute bin ich wieder im Kundenservice. Bin mal gespannt, welche Highlights mich diesmal erwarten. Denk daran, es kann gut sein, dass ich heute etwas später nach Hause komme [38]“ meint Stefanie noch ganz verschlafen. Jürgen, ihr Freund, sitzt schon fertig in der Küche. „Klar, du machst das schon. Das findest du doch immer schön aufregend. Jetzt komm erst mal frühstücken.“

Stefanie gießt sich einen Kaffee ein und geht schnell duschen. Sie hat kein Radio angestellt, damit sie unter der Dusche schon mal Probe reden kann. Sie möchte sich heute mal wieder mit dem Chef austauschen. Das übt sie gern und schmunzelnd unter der Dusche. Als sie im Bad fertig ist, setzt sie sich zu Jürgen an den Frühstückstisch. „Sag mal, hast du gestern auch mit unserer Vermieterin gesprochen? Die ist schon 'ne Marke [32]. Die muss ihr Haus ja sehr lieben, wenn sie doch täglich hier ist, um nach dem Rechten zu sehen." Jürgen bestätigt: „Ja, das scheint sie zu tun." Stefanie meint noch immer etwas verschlafen: „Wir können uns doch auch mal nach einer schöneren Wohnung umsehen, oder [24]? Eine Straße weiter scheint was frei zu werden, da waren doch Möbelpacker …"

Die beiden unterhalten sich noch ein wenig, bevor jeder in sein Auto steigt und zur Arbeit fährt. Stefanie braucht je nach Verkehr etwa 40 Minuten nach München.

Kurz vor München hält sie an, um zu tanken: „Ich bezahle bitte die Vier [18]." Sie nimmt sich noch eine Butterbrezel mit und fährt weiter. Im Auto probt sie erneut das Gespräch mit ihrem Chef. Sie stellt sich vor, wie es verlaufen könnte. So vergeht die Zeit schnell und sehr angenehm. Als Stefanie bei der Versicherung ankommt, schreibt sie noch rasch eine SMS an ihre beste Freundin. „Bin gleich in der Arbeit, habe heute wieder Kundenservicetag, willst du heute Abend spontan vorbeikommen [47]? Könnten Wein trinken?"

Stefanie geht in ihr Büro und verschafft sich erst einmal einen Überblick. Als ein Kollege in der Tür steht, meint sie: „Guten Morgen! Du, ich möchte wegen dieser Mail vom Chef einen Termin machen und das Projekt ausführlicher besprechen [43]. Was meinst du?“ Der Kollege scheint das ebenfalls so zu sehen. „Klar, eine sehr gute Idee. Dann schwirren hier auch nicht so viele Gerüchte herum!“ Stefanie setzt sich an ihren PC und meint: „Ich maile dem Chef jetzt gleich mal und schlage ihm vor, dass wir am kommenden Donnerstag oder am Mittwoch darauf einen Termin machen [29]. Und dir werde ich auf zwei Seiten mal den aktuellen Stand der Dinge zusammenschreiben [5]. Das schaffe ich bis spätestens Dienstag …“

Die E-Mail hat sie verschickt und holt sich einen Kaffee in der Büroküche, in der sie eine sehr gute Kollegin trifft. „Monika, ist dein Urlaub schon wieder vorbei? Das ging ja flott.“ Monika strahlt. „Ja, der Urlaub ist vorbei, aber er war wunderschön. Endlich mal wieder Strand und viel Sonne, das liebe ich!“ Stefanie erinnert sich an ihren letzten Urlaub mit Jürgen. „Oh ja, unser Badeurlaub in Spanien war auch großartig [25]. Eine gemütliche und erholsame Woche, alles schön. Ein Traum, so ein Urlaub!“

Halb in Urlaubsgedanken versunken geht Stefanie zurück in ihr Büro. Der Chef hat bereits geantwortet: „Liebe Stefanie, ich werde Ihnen einen der beiden Tage heute noch bestätigen. Ich melde mich bis 17 Uhr noch mal bei Ihnen. Danke für die Idee!“

Das Telefon klingelt. Es ist der Kundenservice. „Hallo Stefanie, wann kannst du heute bei uns sein? Geht’s schon um halb zehn oder 10 Uhr [23]? Heute ist hier viel los und wir können dich gut gebrauchen!" Stefanie ist zuversichtlich und meint: „Ja, ich werde bis spätestens 10 Uhr da sein [36]. Hab noch einiges zu erledigen, aber das kriege ich hin [12]."

Die E-Mail ihres Chefs leitet sie gleich an einen kleinen internen Verteiler weiter. „Liebe Kollegen, nachdem einige sicherlich keine Lust darauf haben, dass dieses Thema irgendwann hochkocht, habe ich mit dem Chef einen Termin ins Auge gefasst [37]. Details siehe unten. Wenn wir die Sache hoffentlich bald geklärt haben, können wir alle beruhigt einen Haken dahinter machen."

Zehn Minuten nach 10:00 Uhr kommt Stefanie im Kundenservice an und meint zur Kundenserviceleiterin: „So, da bin ich! Die zehn Minuten nehme ich auf meine Kappe, tut mir Leid [11]." Mit einem Lächeln geht sie an den Serviceplatz und loggt sich in den Computer ein. Da noch kein Kunde da ist, ruft sie noch mal zur Teamleiterin rüber: „Sollen wir später gemeinsam in die Kantine gehen? Ist dir 12 oder 13 Uhr lieber [1]?" Die Kollegin ruft zurück: „Ein Uhr ist wunderbar, ausgemacht!" „O.k., so machen wir das!"

Stefanie setzt sich bewusst tief in den Stuhl und lehnt ihren Rücken gemütlich an der Lehne an. So fühlt sie sich am sichersten [46]. Sie blickt dem ersten Kunden entgegen, der gerade auf sie zusteuert. Stefanie war erst fünfmal im Kundenservice und begrüßt den Kunden höflich und locker, so wie sie nun mal ist. „Guten Morgen, schön, dass Sie da sind. Wie kann ich Ihnen helfen? [7]“ Der Kunde hat bereits einige Versicherungen bei Stefanies Firma, wie sie sofort im Computer sehen kann. „Ich habe folgendes Anliegen: Ich brauche noch eine Versicherung für meinen neuen Roller, den ich gestern gekauft habe [48].“ Stefanie öffnet eine Maske im Computer und fragt nach. „Werden den Roller nur Sie fahren oder wird es weitere Fahrer geben?“ Das Gespräch dauert knappe 20 Minuten, und Stefanie übergibt dem Kunden die fertigen Unterlagen. „Sie bekommen in rund einer Woche Post von uns, dann haben wir Ihren Antrag bearbeitet [19]. Vielen Dank und auf Wiedersehen!“

Der nächste Kunde wartet schon. „Guten Tag, ich möchte mir gern Unterlagen über Ihre Versicherungen mitnehmen!“ Stefanie lächelt. „Gern, die sind hier [17]. Einen Moment. So, bitte schön. Hier ist unser Angebot gut dargestellt und entsprechend gegliedert. Kommen Sie einfach wieder, wenn Sie einen Überblick haben …“

Nach vier weiteren Kunden wird es ruhig im Kundencenter. Die typische Flaute in der Mittagszeit. Stefanie nutzt die Gelegenheit und ruft kurz ihren Vater an: „… ich habe mich gestern über dich geärgert. Ich habe auf die Batterien gewartet, die du mir in den Briefkasten werfen wolltest. Gibt mir einfach das nächste Mal Bescheid, dass es auch ein paar Tage dauern kann, dann plane ich anders [16]. Oh, ich mach hier weiter, da kommt Kundschaft.“

Als Stefanie in die Mittagspause geht, redet sie mit ihrer Teamleiterin über die unterschiedlichsten Dinge: „Ich war ja jetzt schon ein paar Mal im Kundencenter [15] und habe auch schon zwei Verbesserungsvorschläge [21]. Und zwar …“ Die beiden reden sehr interessiert über Stefanies Ideen. Ihre Teamleiterin meint: „Ja, deine Idee mit dem Prospektständer finde ich gut. Da sollten wir bei der Gelegenheit auch noch etwas anderes klären [6]. Wie argumentieren wir, wenn der Chef dafür kein Budget hat [39]?“ Stefanie zeigt sich sehr engagiert. „Ich sehe hier auf jeden Fall Möglichkeiten und will das in einer anderen Runde auch noch mal ansprechen. Ich bin von meinen beiden Ideen überzeugt [28]!“

Bevor Stefanie wieder in den Kundenservice zurückkehrt, gibt es eine kleine Besprechung. In ihrer Firma ist es üblich, dass gleich im Anschluß nach der Mittagspause ein 15-minütiger Austausch stattfindet. Sie bringt sich gleich ein. „Ich wünsche mir Unterstützung bei meinen Ideen. So kann ich einen noch besseren Job machen … [34]“ Die Kollegen geben ihr Recht, auch ihnen ist dieses Thema immer wieder in den Sinn gekommen. Stefanie setzt mit ernstem Blick nach: „Fünf Prospektständer kosten nur wenige Hundert Euro [10]! Die Wahrscheinlichkeit ist sehr hoch, dass wir so mehr einnehmen, als wir ausgeben. Auch die Konkurrenz hat solche Ständer.“ Der Abteilungsleiter kommentiert. „Das sind gute Argumente. Mal sehen, wie wir das finanzieren, wir haben ein enges Budget.“

In der Runde werden noch einige andere Dinge besprochen.

Mittlerweile hat für Stefanie die letzte halbe Stunde dieses Arbeitstags im Servicecenter begonnen. Eine ältere Frau hat vor ihr am Infotisch Platz genommen. „Hallo, bei mir wurde ein Betrag abgebucht, der höher ist als der Betrag in der Versicherungsbestätigung. Können Sie da bitte mal nachsehen?“ Stefanie kann es selbst nicht glauben. „Das ist ja ärgerlich, gut, dass Sie gleich gekommen sind. Welche Infos hatten Sie denn bekommen [31]? Was haben Sie denn für Unterlagen dabei?“ Die Dame hat alle Dokumente in einem kleinen Schnellhefter, und so kann Stefanie schnell den Vorgang finden: „Ah, da hat sich was bei der Teilkaskoversicherung geändert. Das hier unten ist die Haftpflicht, das stimmt, und hier bei der Teilkasko wurden Sie angepasst [13]. Das ändere ich gern, es gilt selbstverständlich der Preis aus Ihrer Vertragsbestätigung.“ Die Dame kann Stefanie gut folgen. Es bleibt beim günstigeren Beitrag, der jetzt im Computer vermerkt wird.

Freitags kauft Stefanie auf dem Weg nach Hause immer noch schnell ein paar Lebensmittel ein. Zufrieden steht sie mit einem Lächeln an der Fleischtheke und erhält von der Verkäuferin ein Lächeln zurück [8]. „Bitte 500 Gramm Gulasch.“ Gedankenversunken erinnert sie sich nochmals an die Mittagsbesprechung [22], in der ihr Vorschlag mit den Prospektständern gut ankam. Sie ist stolz darauf, dass sie vorher schon über mögliche Einwände ihres Chefs nachgedacht hat [42].

Zu Hause angekommen wartet sie auf ihren Freund, der meist erst gegen 20:00 Uhr heimkommt, und macht es sich auf der Couch gemütlich. Ihr gehen heute besonders viele Dinge durch den Kopf, und weil Stefanie gern an sich arbeitet, hält sie sich ein paar Dinge, die ihr wichtig sind, in ihrem Notizbuch fest. Sie schreibt:

1. Wenn ich wieder eine gute Idee präsentiere, arbeite ich immer mit Stichpunkten [45]. Durch das freie Reden kann ich mein Anliegen besonders glaubwürdig vortragen [26].

2. Ich mache mir beim Kundengespräch wie die anderen kurze Notizen und signalisiere damit auch dem Kunden, wie wichtig mir seine Informationen sind [44]. Der Kunde erhält so einen sehr kompetenten Eindruck von mir.

3. Bei Angeboten, die ich Kunden ausrechne, nenne ich neben dem Preis vor allem die Vorteile, die er durch die Versicherung hat. Der Nutzen stellt einen Preis in die zweite Reihe [30].

4. Wenn ich wieder mit meinem Chef rede, lasse ich ihn erst einmal sein Anliegen vortragen. So kann ich mit meinen Themen auch besser auf seine Wünsche reagieren [2].

5. Ich stelle den Kunden künftig mehr Fragen [35]. Dann weiß ich schneller, was sie wollen, und kann sie so noch besser beraten.

6. Ich bin dankbar für Empfehlungen. Mein Kollege soll mich gerne öfters empfehlen [9]!

7. Ich nutze künftig die Zeit zwischen meinen Seminaren besser aus. Der Alltag bietet jede Menge Trainingsmöglichkeiten, die ich nur erkennen und nutzen muss [49].

8. Ein guter Freund von mir trainiert immer wieder mit der „3-Wörter-Rede" die flüssigere Sprache. Das mache ich jetzt auch, dafür brauche ich keinen Trainer [14].

9. Je kürzer, desto besser. Trotzdem sollte ich bei wichtigen Gesprächen am Ende das Wesentliche zusammenfassen. Dieser sprachliche Service wirkt Wunder [20].

10. Je stärker ich die Vorteile eines neuen Produkts unserer Firma herausstelle, umso unwichtiger wird der Preis [4].

11. Sympathie ist fast wichtiger als Kompetenz [3]. Ich baue also neben meinem Fachwissen in erster Linie mein Wirkungspotenzial aus.

12. Ich möchte es bei eigenen Besprechungen jetzt auch wie meine Kollegin machen. Sie nennt bewusst Eckdaten wie den Zeitrahmen oder den Ablauf, damit sich ein Termin geradliniger entwickeln kann [41].

13. Unser Chef skizziert seine Ideen immer mit vielen

Bildern und schmückt alles aus. Das mache ich jetzt auch [40]. Besonders im Geschäftsleben kommt es auf eine vorstellbare und motivierende Sprache an.

14. Falls Jürgen heute Abend wieder schlecht gelaunt ist, weil wir nur selten einen Spaziergang machen, werden wir eine Spielregel vereinbaren. Dann ist das Thema endlich mal geklärt [27].

15. Ich brauche einen neuen Job, der mir mehr Spaß macht. Und den kriege ich auch, wenn ich will. Ich kann ja mittlerweile bei einem Vorstellungsgespräch mit Stolz behaupten, dass ich bereits im Service arbeite, obwohl ich bei uns die jüngste Mitarbeiterin bin, dass ich drei Sprachen fließend sprechen kann und schon über 15 Versicherungsseminare besucht habe [33].

Als Stefanie die letzten Worte notiert, kommt ihr Freund nach Hause. Wie schön, endlich besser im Wochenende angekommen!

SMS-Aktionsseite

Nicht das theoretische Wissen macht Sie sprachlich besser, sondern das tägliche Umsetzen und Trainieren! So ist aus unserer Seminararbeit heraus der SMS-Rhetorik-Trainer® entstanden: ein Service, der Sie täglich und diskret mit kommunikativen Tipps und Tricks versorgt – einfach und bequem per Kurzmitteilung.

Unsere Kunden bestätigen: Der SMS-Rhetorik-Trainer® erinnert sie täglich an das nötige Training, vertieft Grundlagen und liefert ihnen jeden Tag weiterführendes Wissen.

Als Leser dieses Buchs belohnen wir Sie mit einem Rabatt von 10 Prozent auf unsere Angebote im Onlineshop.

Ihr Rabattcode lautet: XHU1295B

Den SMS-Rhetorik-Trainer® erhalten Sie bereits für wenige Cent am Tag, die Ihnen diese Trainingsstütze wert sein sollten. Der Service greift zufallsgesteuert auf eine Datenbank mit rund 1000 unterschiedlichen Tipps und Tricks zurück. Damit haben Sie immer und überall eine Trainingsmöglichkeit.

Auch die 49 Tipps und Tricks aus diesem Buch sind selbstverständlich Bestandteil unserer Datenbank. Gönnen Sie sich dieses weiterführende Training!

Sie können unter www.fortbildungsinsel.de den SMS-Rhetorik-Trainer® im Internet bestellen. Geben Sie dort beim Bestellvorgang einfach Ihren Rabattcode ein. Den SMS-Rhetorik-Trainer® können Sie in allen deutschen Mobilfunknetzen nutzen.

Damit Sie sich schneller und besser entwickeln können, haben wir noch einen entscheidenden Vorteil für Sie in dieses Buch gepackt. Mit dem Passwort "lebensfreude" können Sie sich ab sofort auch im "VIP-Check-in" unter www.fortbildungsinsel.de einloggen. Dort erhalten Sie Zugriff auf weiterführendes Wissen, zusätzliche Tipps und Tricks und viele weitere Dokumente. Probieren Sie es doch einfach mal aus!

Buchempfehlungen

In Kürze sind weitere Bücher von Thomas Schlayer verfügbar. Informieren Sie sich über Erscheinungstermine unter www.fortbildungsinsel.de oder im Buchhandel.

Diese Titel erscheinen bald:

Das Trainingsleerbuch
Coachen Sie sich selbst!
(Thomas Schlayer)

Das kleine Buch vom großen Erfolg
(Thomas Schlayer und Georg Lehmacher)

Für positive und motivierende Trainingsgedanken empfehlen wir Ihnen auch unseren Freund und Bestsellerautor Georg Lehmacher. Diese Titel unterstützen Sie hervorragend bei Ihrem Training:

Das kleine Buch der guten Wünsche
(Renate und Georg Lehmacher)

Das kleine Buch vom Glücklichsein
(Renate und Georg Lehmacher)

Bereits erschienen

Denk dir einfach, du bist eine Tafel Schokolade! Dieses Buch wird Ihre Einstellung grundlegend ändern und zeigt Ihnen in 15 kompakten Kapiteln mit vielen Vergleichen, Beispielen und Mustervorlagen, wie Sie im Bewerbungsverfahren die Masse der anderen hinter sich lassen können. Thomas Schlayer bietet einen vollständigen Leitfaden für Ihre Bewerbungen: vom Umdenken über die eigene Person über die Gestaltung des Bewerbungsanschreibens und des Lebenslaufs bis hin zu den entscheidenden Details im Bewerbergespräch. So verbessern Sie Ihre Kommunikation mit potenziellen Arbeitgebern!

Und das meinen die Leser:

„Ein geniales Buch. Die Tipps sind auch im normalen Leben täglich umsetzbar!"

„Ein kleines Buch mit enorm großer Wirkung. Geheimtipp!"

Ausblick

Herzlichen Glückwunsch! Sie haben es geschafft. Sie sind am Ende dieses Buchs und damit am Beginn Ihres Trainings angekommen! Legen Sie dieses Buch jetzt nicht beiseite. Jetzt geht es erst richtig los:

- Markieren Sie sich unbedingt die Kapitel, die Sie besonders gut gebrauchen können.
- Legen Sie dieses Buch an einen Ort, an dem Sie es täglich wahrnehmen können.
- Blättern Sie immer wieder durch die Kapitel und lesen Sie die Trainingseinheiten mehrfach.
- Je öfter Sie das Wissen vertiefen, desto leichter können Sie es auch im Alltag umsetzen.
- Entdecken Sie den Spaß am Training. Je mehr Freude Sie beim Ausprobieren haben, umso schneller werden Sie sich weiterentwickeln.

Dieses Buch konnte nur entstehen, weil es viele Menschen gibt, die an die skizzierten Tipps und Tricks glauben. Ich danke allen, die an diesem Buch direkt und indirekt mitgearbeitet haben. Viele Hundert Seminarteilnehmer haben mir Rückmeldung gegeben, welche Tipps in ihren Augen besonders wertvoll sind. Die erste Auswahl dieser Impulse bildet die Grundlage dieses Ratgebers.

Mein besonderer Dank gilt Georg Lehmacher, der mir als Bestsellerautor von Geschenkbüchern den nötigen Einblick in die Welt der Bücher gegeben hat. Danke Georg, für Deine traumhafte Unterstützung und für das Layout dieses Buchs!

Danke an meine Freundin Anika Rieck, die die Beispiele und Formulierungen in diesem Buch kritisch und konstruktiv hinterfragt hat. Durch Deine Auswahl, Deine Ergänzungen und Ideen ist das Buch noch besser geworden, als wir uns das ohnehin vorgenommen hatten!

Und auch vielen Dank an meinen engsten Geschäftspartner Markus Niederreiter! Du hast mir mit Deiner Begeisterung für meine Arbeit viel Rückenwind gegeben. Dasselbe gilt auch für Karin Altinger. Karin, ich bin Dir sehr dankbar für Deine Einschätzungen und Ideen.

Selbstverständlich auch ein dickes Dankeschön an die beiden Lektorinnen Cordula Natusch und Andrea Weißenbach.